装配式混凝土建筑项目实施指南

四川省装配式建筑产业协会　主编

西南交通大学出版社
·成　都·

图书在版编目（CIP）数据

装配式混凝土建筑项目实施指南 / 四川省装配式建筑产业协会主编. —成都：西南交通大学出版社，2022.6
ISBN 978-7-5643-8722-8

Ⅰ. ①装… Ⅱ. ①四… Ⅲ. ①装配式混凝土结构－建筑施工－指南 Ⅳ. ①TU37-62

中国版本图书馆 CIP 数据核字（2022）第 103022 号

Zhuangpeishi Hunningtu Jianzhu Xiangmu Shishi Zhinan
装配式混凝土建筑项目实施指南

四川省装配式建筑产业协会 **主编**

责任编辑　姜锡伟
封面设计　GT 工作室

出版发行　西南交通大学出版社
（四川省成都市金牛区二环路北一段 111 号
西南交通大学创新大厦 21 楼）
邮政编码　610031
发行部电话　028-87600564　028-87600533
网址　http://www.xnjdcbs.com
印刷　成都蜀雅印务有限公司

成品尺寸　210 mm × 285 mm
印张　12.25
字数　272 千
版次　2022 年 6 月第 1 版
印次　2022 年 6 月第 1 次
书号　ISBN 978-7-5643-8722-8
定价　58.00 元

本书编写委员会

编写委员会主任：谭启厚

编写委员会委员：（按姓氏笔画排序）

丁瑞丰　叶小斌　向　勇　刘　宏
刘　锐　孙思敏　李　建　吴帝毅
宋　远　周明皓　胡　宁　姚　勇
袁　星　夏尚志　徐永亮　高　锐
曹　佳　温雪飞　赖　力　雷　挺
鞠　明

编　制　人　员：

吕东琼　宋佳佳　李春华　刘金杰

本书审稿委员会

审稿委员会主任：刘　威

审稿委员会委员：（按姓氏笔画排序）

王　杰　王　群　庄镇利
范振江　金波峰　潘　峰

各章内容与执笔人：

章	名称	执笔人
第 1 章	装配式建筑概述	谭启厚、叶小斌、夏尚志
第 2 章	设计与构件生产	曹佳、周明皓、袁星、叶小斌
第 3 章	施工准备	温雪飞、刘宏、高锐、袁星、吴帝毅
第 4 章	施工总平布置管理	高锐、袁星、叶小斌、吴帝毅
第 5 章	项目进度控制	李建、胡宁、张学华
第 6 章	工程施工关键技术	夏尚志、高锐、吴帝毅
第 7 章	工程质量验收	温雪飞、刘宏、袁星
第 8 章	施工安全生产	鞠明、丁瑞丰
第 9 章	项目成本管理	孙思敏、赖力
第 10 章	项目风险管理	徐永亮、刘锐
第 11 章	项目专业技能人员管理	姚勇、雷挺
附录	装配式建筑产业发展政策目录等	李春华
总汇稿	谭启厚	

主编单位：四川省装配式建筑产业协会

参编单位：中国五冶集团有限公司

成都建工集团有限公司

四川华西集团有限公司

中国建筑西南设计研究院有限公司

四川省建筑设计研究院有限公司

成都市建筑设计研究院有限公司

西南科技大学

成都大学

西南交通大学

成都建工第六建筑工程有限公司

四川城高建筑工程有限公司

四川省第六建筑有限公司

中建科技成都有限公司

成都城投远大建筑科技有限公司

四川天盛通建设工程有限公司

中信国安建工集团有限公司

中国十九冶集团有限公司

四川汇源钢建科技股份有限公司

成都上筑建材有限公司

上海宝冶集团有限公司

前言

PREFACE

我国装配式建筑已初具规模。据住房和城乡建设部统计数据显示，2020 年，全国新开工装配式建筑共计 6.3 亿平方米，同比增长 50.7%，占新建建筑面积的比例约 20.5%，超额完成《“十三五”装配式建筑行动方案》确定的到 2020 年达到 15%的工作目标。2021 年 10 月，中共中央办公厅、国务院办公厅印发《关于推动城乡建设绿色发展的意见》，要求大力发展装配式建筑。随后国务院印发的《2030 年前碳达峰行动方案》也强调大力发展装配式建筑。按照中共中央和国务院的要求，到 2026 年，我国装配式建筑占新建建筑的比例将达到 30%。一系列政策表明，我国装配式建筑将迎来快速发展新阶段。

2021 年，四川省新开工装配式建筑 5600 万平方米，占新建建筑的 31%，其中，装配式混凝土结构建筑 4010 万平方米，占比 71.6%，装配式混凝土结构占装配式建筑市场主体地位。经过多年发展，我省装配式混凝土建筑实施规模和数量已达到全国领先水平，也取得了一些产业化推广科技成果；但目前装配率普遍偏低，主要停留在预制叠合板、楼梯、阳台等水平构件的应用，竖向构件应用占比极少，仅少量大型企业参与高装配率混凝土项目实践，形成可复制的施工经验还较少。

当前我省大部分项目仍然采用传统的施工工艺建造装配式建筑，以现浇体系为基础的技术体系制约了我省装配式建筑发展。一方面，设计人员按照普通现浇结构的思路设计，设计深度不够，导致须由没有设计经验的施工方二次拆分。施工方优先拆分易于施工的构件，将个性化设计的单体工程强行拆分，通过工厂预制以满足强制性装配率要求，偏离了结构部件模数化、标准化的基本原则，导致工艺成本和物流成本增大，工程造价高于传统现浇混凝土建筑。另一方面，装配式建筑施工组织受传统建筑理念影响，施工方对装配式建筑重视程度较低，不能妥善做好施工准备工作，对未来装配式建筑施工管理的预见性较少，从而产生一系列问题。例如：施工现场没有设置合理的运输路线、堆场、施工机械等，导致构件无法堆放、吊装；缺乏与装配式建筑相匹配的施工工艺和工法，仅仅考虑预制构件安装，而没有从全流程角度对施工组织进行优化，导致工序和工期增加；缺乏具备丰富经验的现场管理人员和产业工人，遇到施工问题不能妥善解决；等等。这些问题严重制约了当前我省装配式建筑发展。

因此，编写一本适用于指导装配式混凝土建筑建设管理的基础性专业技术图书迫在眉睫，以及时服务广大建设、设计、生产、施工企业，帮助企业在实施装配式混凝土结构项目时，能从设计、制造、施工等方面提升装配式建筑实施质量，推动装配式建筑施工技术发展。

本指南自2018年开始筹备，编写委员会在实地考察相关装配式混凝土建筑实施项目的基础上，广泛征求项目实施人员意见，历经3年时间反复打磨、精心编写，充分总结了近年来装配式混凝土建筑项目实施的实践经验和研究成果，特别是2020年成都市新开工的高装配率项目经验，组织各相关单位反复研究、讨论、修订，同时邀请省外专家引进北京、上海、深圳等先进地区经验，经审查后定稿。

本指南共11章，全方位地讲解了装配式混凝土建筑的重要知识点，对装配式混凝土建筑工程的实施具有指导意义。

本指南由四川省装配式建筑产业协会组织编写。感谢中国五冶集团有限公司、成都建工集团有限公司、四川华西集团有限公司、中国建筑西南设计研究院有限公司、四川省建筑设计研究院有限公司、成都市建筑设计研究院有限公司、西南科技大学、成都大学、西南交通大学、成都建工第六建筑工程有限公司、四川域高建筑工程有限公司、四川省第六建筑有限公司、中建科技成都有限公司、成都城投远大建筑科技有限公司、四川天盛通建设工程有限公司、中信国安建工集团有限公司、中国十九冶集团有限公司、四川汇源钢建科技股份有限公司、成都上筑建材有限公司、上海宝冶集团有限公司等单位参与编写并提供很多帮助。

四川省装配式建筑产业协会希望为装配式混凝土建筑工程实施提供一部知识性强、信息量大、实用性强的设计施工参考类图书。但限于我们的经验和水平，离目标还有较大差距，也可能存在疏漏和不足，在此恳请并感谢读者给予批评指正。

四川省装配式建筑产业协会

2021年12月

目录

CONTENTS

第 1 章 装配式建筑概述

1.1 装配式建筑定义及术语

（1）装配式建筑：结构系统、外围护系统、设备与管线系统、内装系统的主要部分采用预制部品部件集成的建筑。

（2）装配式混凝土结构：由预制混凝土构件或部件通过各种可靠的连接方式装配而成的混凝土结构，简称装配式结构。

（3）预制混凝土构件：在工厂或现场预先生产制作的混凝土构件，简称预制构件。

（4）协同设计：装配式建筑设计中通过建筑、结构、设备、装修等专业相互配合，并运用信息化技术手段满足建筑设计、生产运输、施工安装等要求的一体化设计。

（5）集成设计：建筑结构系统、外围护系统、设备与管线系统、内装系统一体化的设计。

（6）装配率：单体建筑室外地坪以上的主体结构、围护墙和内隔墙、装修和设备管线等采用预制部品部件的综合比例。

（7）产业示范基地：围绕装配式建筑发展，有明确的发展目标、较好的产业基础、技术先进成熟、研发创新能力强、产业关联度大、注重装配式建筑相关人才培养培训、能够发挥示范引领和带动作用的装配式建筑相关企业。

（8）生产质量能力评估：生产、加工、制作装配式混凝土结构、钢结构、木结构与房屋建筑和市政公用工程相关部品部件的企业自愿向评估机构申请进行评估的行为。

1.2 装配式混凝土建筑主要结构类型

装配式混凝土建筑主要结构类型与现浇混凝土结构类型大同小异，可概括为装配整体式的框架结构、剪力墙结构、框架-剪力墙结构等三大类。建筑结构类型的选择可根据具体工程的高度、平面、体型、抗震等级、设防烈度及功能特点来确定。

1.3 装配式混凝土建筑适用范围

装配式混凝土建筑是指建筑的结构系统由混凝土部件（预制构件）构成的装配式建筑，其适用范围主要为标准化设计程度高的建筑类型，如住宅、学校教学楼、幼儿园、医院、办公楼等，也有标准化程度低的建筑类型，如剧院、体育馆、博物馆等。装配式混凝土建筑对建筑的标准化程度要求相对较高，这样同种规格的预制构件才能被最大化地利用，带来更好的经济效益。因此，装配式建筑应按照通用化、模数化、标准化的要求，以少规格、多组合的原则，实现建筑及部品部件的系列化和多样化。此外，装配式混凝土建筑体系的发展应适应四川省当地建筑功能和性能要求，遵循建筑全寿命周期的可持续性原则，并应做到标准化设计、工厂化生产、装配化施工、一体化装修、信息化管理和智能化应用。

1.4 国外装配式建筑发展情况

国外在装配式建筑的发展历程中，主要经历了古代装配式及近代装配式两个发展时期。

古代装配式概念主要集中于古建筑具备一定标准化和预制装配的部品部件，如古罗马帝国预制大理石柱部件（图 1.4-1）的模数化、标准化、定型等方面，其建造方式及理念符合装配式建筑的定义。

图 1.4-1 古罗马帝国预制大理石柱

随着工业革命的推进及发展，装配式建筑进入快速发展阶段，其主要发展于英国、美国、日本等发达国家。近现代预制建筑发展经历了四个阶段：

阶段一：19 世纪是第一个预制装配建筑高潮，代表作有水晶宫（图 1.4-2）、满足移民需要的预制木屋、预制铁屋等。

英国的水晶宫就是典型的装配式建筑，这个堪称 19 世纪欧洲建筑的伟大奇观，由 93 000 m^2 的玻璃、3300 根立柱、2300 条铁梁组成，然而如此庞大的工程工期仅仅花了 240 d。

阶段二：20 世纪初是第二个预制装配建筑高潮，代表作有木制嵌入式墙板单元住宅建造体系、斯图加特住宅展览会、法国 Mopin 多层公寓体系等。

阶段三：第二次世界大战后是建筑工业化真正的发展阶段，其代表有钢、幕墙、PC 预制体系等。

阶段四：20 世纪 70 年代以后，国外建筑工业化进入新的阶段，预制与现浇相结合的体系取得优势，并从专用体系向通用体系发展（钢-混、木-混、钢-木等）。

图 1.4-2 英国水晶宫

1.5 国内装配式建筑发展情况

我国在充分借鉴学习国外装配式建筑先进经验的基础上，结合中国国情及现状，制定了符合“中国特色的建筑产业化道路”的发展政策及方针。

目前，全国已有 30 多个省市级行政单位出台了装配式建筑专门的指导意见和相关配套措施，不少地方更是对装配式建筑的发展提出了明确要求。其中，北京、上海、深圳、广州、沈阳、合肥、长沙等地走在了全国前列。长沙远大住宅工业有限公司、宝业集团股份有限公司、沈阳万融现代建筑产业有限公司、中建科技集团有限公司等均被认定为国家装配式建筑产业基地。

我国装配式建筑发展历程如图 1.5-1 所示。

图 1.5-1 我国装配式建筑发展历程

2016 年 9 月 27 日，国办发〔2016〕71 号《国务院办公厅关于大力发展装配式建筑的指

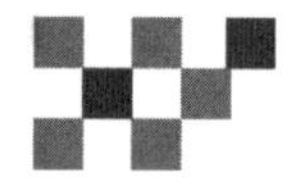

导意见》中提出：常住人口超过 300 万的其他城市为积极推进地区，其余城市为鼓励推进地区，因地制宜发展装配式混凝土结构、钢结构和现代木结构等装配式建筑。力争用 10 年左右的时间，使装配式建筑占新建建筑面积的比例达到 30%。同时，逐步完善法律法规、技术标准和监管体系，推动形成一批设计、施工、部品部件规模化生产企业，具有现代装配建造水平的工程总承包企业以及与之相适应的专业化技能队伍。

2017 年 3 月 23 日，住房和城乡建设部建科〔2017〕77 号《"十三五" 装配式建筑行动方案》中提出：到 2020 年，全国装配式建筑占新建建筑的比例达到 15%以上，其中重点推进地区达到 20%以上，积极推进地区达到 15%以上，鼓励推进地区达到 10%以上。建立健全装配式建筑政策体系、规划体系、标准体系、技术体系、产品体系和监管体系，形成一批装配式建筑设计、施工、部品部件规模化生产企业和工程总承包企业，形成装配式建筑专业化队伍，全面提升装配式建筑质量、效益和品质，实现装配式建筑全面发展。

到 2020 年，培育 50 个以上装配式建筑示范城市，200 个以上装配式建筑产业基地，500 个以上装配式建筑示范工程，建设 30 个以上装配式建筑科技创新基地，充分发挥示范引领和带动作用。

从 2017 年 11 月至今，住房和城乡建设部办公厅先后公布了两批装配式建筑示范城市和产业基地名单，北京、南京、杭州、绍兴、郑州、合肥、成都等 48 个城市，被认定为装配式建筑示范城市，中国五冶集团有限公司、四川华西集团有限公司等 328 个企业，被认定为装配式建筑产业基地。

2020 年 9 月，住房和城乡建设部、教育部、科学技术部、工业和信息化部、自然资源部、生态环境部、中国人民银行、国家市场监督管理总局、中国银行保险监督管理委员会九部门发布《关于加快新型建筑工业化发展的若干意见》，提出加强系统化集成设计、优化构件和部品部件生产、推广精益化施工、加快信息技术融合发展、创新组织管理模式、强化科技支撑、加快专业人才培育、开展新型建筑工业化项目评价、加大政策扶持力度等 9 方面共 37 条意见。

随着国家政策及地方政策的推行和完善，我国试点城市已进入了装配式建筑的初步发展时期，对于部分装配式建筑发展较快的城市，已普遍实现竖向结构预制装配化，并开始尝试机电装修一体化、整体卫浴等集成设计建造，充分发挥了装配式建筑的优势，也取得了良好的经济效益。

1.6 四川省装配式建筑发展情况

2017 年 6 月 13 日，四川省人民政府办公厅发布《关于大力发展装配式建筑的实施意见》，文件提出：支持成都、乐山、广安、眉山、西昌五个试点市加快发展。到 2020 年，全省装配式建筑占新建建筑的 30%，装配率达到 30%；新建住宅全装修达到 50%。到 2025 年，装配率达到 50%以上的建筑，占新建建筑的 40%；新建住宅全装修达到 70%。

2019 年 10 月 30 日，四川省住房和城乡建设厅、经济和信息化厅等 5 部门联合印发《关

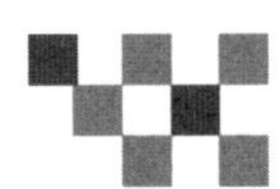

于推进四川省装配式建筑工业化部品部件产业高质量发展的指导意见》，举行四川省装配式建筑工业化部品部件产业高质量发展现场推进活动，着力提升装配式建筑部品部件工业化水平和有效供给能力。同时，四川省住房和城乡建设厅制定《四川省钢结构装配式住宅建设试点工作实施方案》，确定成都、绵阳、宜宾、广安、凉山和甘孜为试点地区，探索推进我省钢结构装配式住宅建设。同年，四川省住房和城乡建设厅印发《关于在装配式建筑推行工程总承包招标投标的意见》（川建行规〔2019〕2号），规范装配式建筑招标投标行为。

2019年4月18日，四川省举办全省首届装配式钢结构发展论坛。紧接着，成立了四川装配式建筑产业技术研究院、四川省装配式建筑产业联盟和四川省钢结构装配式住宅产业联盟。

2021年8月31日，成都市住房和城乡建设局发布的《成都市人民政府办公厅关于大力推进绿色建筑高质量发展　助力建设高品质生活宜居地的实施意见》（成办发〔2021〕81号）要求：

（1）房屋建筑工程：自2021年起一是所有项目装配率均不低于40%；二是政府投资项目、总建筑面积20万平方米以上的居住建筑项目、居住建筑部分总建筑面积20万平方米以上的混合类项目，装配率不低于50%；并明确总建筑面积较小的项目、符合条件的配套用房、工业建筑中生产工艺有特殊要求的生产性用房等，可不采用装配式方式建设。

（2）市政基础设施和轨道交通建设工程：市政工程项目除必须现浇的部分外，箱梁、防撞隔离设施、人行道铺装、电力浅沟、缆线管廊廊体、管片等采用装配式方式建设；城市隧道、过街通道和大中型综合管廊优先采用工业化预制结构装配实施。城市轨道交通工程盾构区间采用装配式方式建设，鼓励高架区间、轨道铺装等采用装配式方式建设。

按照《四川省装配式建筑产业基地管理办法》，四川省累计认定装配式建筑产业基地32家。根据《四川省装配式建筑部品部件生产质量保障能力评估办法》，成都城投远大建筑科技有限公司、中铁八局集团桥梁工程有限责任公司等12家企业通过四川省装配式建筑部品部件生产质量保障能力评估。不断加大装配式建筑推广应用，在“厕所革命”中试点建设100座装配式公共厕所。

《四川省推进装配式建筑发展三年行动方案》提出：大力发展装配式混凝土结构和钢结构建筑，倡导有条件的景区、农村建筑推广采用现代木结构建筑，支持市政工程建设中应用装配式部品部件。以试点城市和100万以上人口城市为依托，形成以试点城市带动区域发展，以中心城区带动区县发展的格局。到2020年，全省装配式建筑占新建建筑的比例达到30%，成都、广安、乐山、眉山、西昌5个试点城市达到35%，泸州、绵阳、南充、宜宾等100万以上人口城市达到30%，其他城市达到20%。到2020年，全省培育8个装配式建筑试点城市，培育5家集设计、生产、施工于一体的装配式建筑龙头企业，培育50个科研、生产、应用的装配式建筑产业示范基地，20个以上装配式建筑示范项目，充分发挥示范引领和带动作用。

该方案明确了装配式建筑未来发展的重点任务，从发展规划、技术标准体系、全装修、设计、生产和施工能力以及人才机制、政策扶持等方面作了具体要求；同时，该方案也明确了装配式建筑的具体发展方向，为当下装配式建筑产业基地建设、钢结构住宅试点和示范项目等进行了政策引导。

第2章 设计与构件生产

2.1 装配式设计施工图深度

2.1.1 平面布置图深度要求

平面布置图应包含构件类型（水平和竖向构件可分别绘制）、构件位置尺寸、重量、预制范围等信息；明确区分构件与现浇混凝土的范围，并应清晰表达构件的平面形状、预留洞口、建筑物轴线、轴线记号及轴线间距、构件名称、安装方向、详图索引、层高表等；构件编号宜包含构件的位置信息、对称信息、结构信息、重量信息；文字说明应包含抗震等级、预制构件材料、叠合板与现浇层的厚度、桁架筋高度、图例说明、制作安装注意事项等。

2.1.2 详图深度要求

预制构件加工详图应包括构件内外视图、俯视图、仰视图、侧视图、剖面图等；标明构件与结构层高线的尺寸关系、墙板的外形轮廓尺寸（必要时应补充三维视图）、构件与轴线之间的关系、预留洞口尺寸及位置关系等；标明构件的外露钢筋、键槽位置尺寸、注浆孔和出浆孔位置尺寸、套筒型号及位置尺寸、装配方向以及与构件有关的结构附属构件的细部做法；应标明预埋件编号，包括脱模、吊装、支撑用预埋件，设备专业预埋件，幕墙用预埋件，临时加固用预埋件、电线盒、管线预埋、孔洞、沟槽的标高、定位尺寸等内容；标明有防雷接地要求时的防雷构造做法和要求。

2.1.3 BOM（构件）表深度要求

BOM（构件）表主要包括构件明细表和金属件信息表等。构件明细表应标明构件类型、构件编号、外形控制尺寸、楼层信息、混凝土体积、构件重量、数量、混凝土强度等级、备注等；金属件信息表应包括各类预埋件、灌浆套筒等金属件的编号、规格、数量。

2.2 装配式混凝土建筑设计要点

2.2.1 装配式设计及集成化设计

装配式建筑主要包括预制装配式混凝土结构、钢结构、现代木结构建筑等，因为采用标

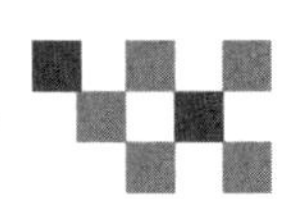

准化设计、工厂化生产、装配化施工、信息化管理、智能化应用，是现代工业化生产方式的代表。

集成化设计是基于并行工程思想的设计，它是利用现代信息技术把传统产品设计过程中相对独立的阶段、活动及信息有效地结合起来，强调产品设计及其过程同时交叉进行，减少设计过程的多次反复，力求使产品开发人员在设计开始时就考虑产品整个生命周期中，从概念形成到产品报废处理的所有因素，从而最大限度地提高设计效率、降低生产成本的设计方法。

详细用户界面设计的整体方法（即框架）要在初期进行开发和测试是集成化设计的重要特征之一。这是以用户为中心的设计和其他单纯的递增技巧之间存在的重要差异，以确保此后各阶段中进行的递增式设计能够天衣无缝地适合框架，而且用户界面在外观、术语和概念上都能保持一致。

2.2.2　装配式建筑深化设计要点

1. 构件深化设计的阶段划分

1）方案阶段

该阶段的内容为：依据结构及建筑方案图编制预制构件深化方案，提供其配套的当地或国家级的装配率计算资料，以备审查。

2）预制构件深化设计阶段

该阶段的内容为：依据建筑物全套施工图以及施工工艺、现场施工条件进行预制构件深化拆分图设计，并复核其配套的当地或国家级的装配率计算资料。

3）预制构件生产安装阶段

该阶段的内容为：依据预制构件生产厂家的条件、运输线路限制以及施工现场布置条件进行预制构件深化拆分图纸校对并完善。

2. 构件深化设计流程

深化设计的流程一般分为两种：

1）施工图阶段介入

（1）收到项目施工图。

（2）与原设计单位沟通，确定预制构件种类及范围，对项目进行预制装配率计算。

（3）根据项目预制装配率进行科学系统深化拆分，做到“两少一多”，即少种类、少规格、多组合。

2）方案策划阶段介入

（1）在项目方案阶段配合设计院和项目建设方做项目方案深化合理性建议。

（2）按照深化后的方案做预制装配率计算，项目方案应符合“少户型、多组合、少异型、多方正”的原则。

（3）根据项目预制装配率进行科学系统深化拆分，做到“两少一多”，即少种类、少规格、多组合。

3. 构件深化设计质量控制要点

1）方案设计阶段：

在该阶段要注意各专业的协调配合，把装配式设计因素考虑进来。

2）拆分设计阶段：

在该阶段要遵循标准化、模数化、模块化、轻型化、少规格多组合的原则，避免出现用传统施工图纸“硬性”拆分的情况。

3）标准化

标准化设计包括建筑户型标准化设计、建筑立面标准化设计、预制部品部件标准化设计、连接接口标准化设计。

4）模数化

设计方法：调整剪力墙后浇段长度来使预制剪力墙规格减少，剪力墙长度在 300 mm 以内全部合并成一个规格；剪力墙的规格以 300 mm 为模数，建立标准化构件库：1200 mm、1500 mm、1800 mm、2400 mm、2700 mm、3000 mm、3300 mm、3600 mm、3900 mm、4200 mm、4500 mm，超过 4500 mm 的构件拆分为两个小构件。

5）模块化

预制部品部件采用模块及模块组合的设计方法，遵循少规格、多组合的原则，方便不同构件的拼装。

6）轻型化

拆分设计时单块预制剪力墙和填充墙长度控制在 4.5 m 内，以减小构件重量，方便吊装。对于超过控制长度的剪力墙和填充墙，将其拆分为两个预制构件，构件拼缝采用后浇段连接。

7）少规格、多组合

按照标准化、模数化、模块化的要求，以少规格、多组合的原则，实现建筑及部品部件的系列化和多样化。

（1）构件深化设计阶段：精装修图纸要在深化设计之前就完成。

（2）构件深化设计图纸要考虑水电的集成，进行精细化设计。

（3）建筑外立面线条宜简单规整，以减小预制构件模具加工难度，降低成本。

（4）减小现浇量，增加装配率。

2.2.3 装配式结构设计要点

（1）配筋应按照设计院提供的结施图中的配筋要求进行。

（2）钢筋排布间距应尽量一致。

（3）桁架钢筋应沿主受力方向布置。

（4）桁架钢筋距板边不应大于 300 mm，间距不宜大于 600 mm。

（5）桁架钢筋弦杆钢筋直径不宜小于 8 mm，腹杆钢筋直径不应小于 4 mm。

（6）桁架钢筋弦杆混凝土保护层厚度不应小于 15 mm。

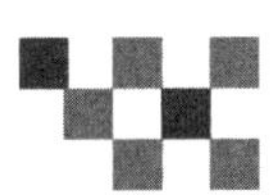

（7）当未设置桁架钢筋时，在下列情况下，叠合板的预制板与后浇混凝土叠合层之间应设置抗剪构造钢筋：

① 单项叠合板跨度大于 4.0 m 时，距支座 1/4 跨范围内。

② 双向叠合板短向跨度大于 4.0 m 时，距四边支座 1/4 短跨范围内。

③ 悬挑叠合板。

④ 悬挑板的上部纵向受力钢筋在相邻叠合板的后浇混凝土锚固范围内。

2.2.4　装配式水电设计要点

（1）水电预留预埋应全面反映机电设备图纸的需求。

（2）预留接线盒、套管等材质应和设备专业图纸一致，高度和规格尺寸满足现场施工要求。

（3）如设备专业有管线和设备需穿越预制构件，应在预制构件上预留洞口以满足施工需求。

（4）如遇设备预埋与其他专业干涉，优先保证预埋的可实施性。

2.2.5　装配式连接节点设计要点

（1）装配整体式结构中，接缝的正截面承载力应符合现行国家标准《混凝土结构设计规范》GB 50010 的规定。接缝的受剪承载力应符合下列规定：

① 持久设计状况：

$$\gamma_0 V_{\mathrm{jd}} \leqslant V_{\mathrm{u}}$$

② 地震设计状况：

$$V_{\mathrm{jdE}} \leqslant V_{\mathrm{uE}} / \gamma_{\mathrm{RE}}$$

在梁、柱端部箍筋加密区及剪力墙底部加强部位，尚应符合下式要求：

$$\eta_{\mathrm{j}} V_{\mathrm{mua}} \leqslant V_{\mathrm{uE}}$$

式中：γ_0——结构重要性系数，安全等级为一级时不应小于 1.1，安全等级为二级时不应小于 1.0；

V_{jd}——持久设计状况下接缝剪力设计值；

V_{jdE}——地震设计状况下接缝剪力设计值；

V_{u}——持久设计状况下梁端、柱端、剪力墙底部接缝受剪承载力设计值；

V_{uE}——地震设计状况下梁端、柱端、剪力墙底部接缝受剪承载力设计值；

V_{mua}——被连接构件端部按实配钢筋面积计算的斜截面受剪承载力设计值；

η_{j}——接缝受剪承载力增大系数，抗震等级为一、二级时取 1.2，抗震等级为三、四级时取 1.1。

在装配整体式结构中，节点及接缝处的纵向钢筋连接宜根据接头受力、施工工艺等要求选用机械连接、套筒灌浆连接、浆锚搭接连接、焊接连接、绑扎搭接连接等连接方式，并应符合国家现行有关标准的规定。

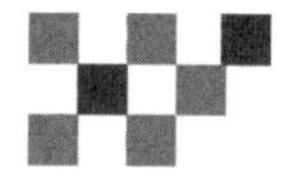

（2）纵向钢筋采用套筒灌浆连接时，应符合下列规定：

① 接头应满足行业标准《钢筋机械连接技术规程》JGJ 107—2016 中Ⅰ级接头的性能要求，并应符合国家现行有关标准的规定。

② 预制剪力墙中钢筋接头处套筒外侧钢筋的混凝土保护层厚度不应小于 15 mm，预制柱中钢筋接头处套筒外侧箍筋的混凝土厚度不应小于 20 mm。

③ 套筒之间的净距不应小于 25 mm。

（3）纵向钢筋采用浆锚搭接连接时，对预留孔成孔工艺、空岛形状和长度、构造要求、灌浆料和被连接钢筋，应进行力学性能以及实用性的试验验证。直径大于 20 mm 的钢筋不宜采用浆锚搭接连接，直接承受动力荷载构件的纵向钢筋不应采用浆锚搭接连接。

（4）预制构件与后浇混凝土、灌浆料、坐浆材料的结合面应设置粗糙面、键槽，并应符合下列规定：

① 预制板与后浇混凝土叠合层之间的结合面应设置为粗糙面。

② 预制梁与后浇混凝土叠合层之间的结合面应设置粗糙面；预制梁端面应设置键槽（图 2.2-1）且宜设置粗糙面。键槽的尺寸和数量应按照《装配式混凝土结构技术规程》JGJ 1—2014 中第 7.2.2 条的规定计算确定；键槽的深度 t 不宜小于 30 mm，宽度 w 不宜小于深度的 3 倍且不宜大于深度的 10 倍；键槽可以贯通截面，当不贯通时槽口距离截面边缘不宜小于 50 mm；键槽间距宜等于键槽宽度；键槽端部斜面倾角不宜大于 30°。

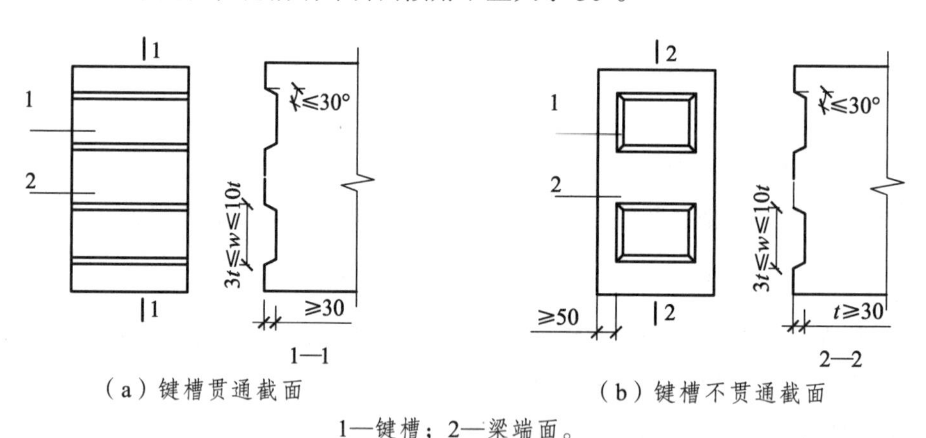

（a）键槽贯通截面　　（b）键槽不贯通截面

1—键槽；2—梁端面。

图 2.2-1　梁端键槽构造示意图（单位：mm）

（5）预制剪力墙的顶部和底部与后浇混凝土的结合面应设置粗糙面；侧面与后浇混凝土的结合面应设置粗糙面，也可设置键槽；键槽深度 t 不宜小于 20 mm，宽度 w 不宜小于深度的 3 倍且不宜大于深度的 10 倍，键槽间距宜等于键槽宽度，键槽端部斜面倾角不宜大于 30°。

（6）预制柱的底部应设置键槽且宜设置粗糙面，键槽应均匀布置，键槽深度不宜小于 30 mm，键槽端部斜面倾角不宜大于 30°。柱顶应设置粗糙面。

（7）粗糙面的面积不宜小于结合面的 80%，预制板的粗糙面凹凸深度不应小于 4 mm，预制梁端、预制柱端、预制墙端的粗糙面凹凸深度不应小于 6 mm。

（8）预制构件纵向钢筋宜在后浇混凝土内直线锚固；当直线锚固长度不足时，可采用弯折、机械锚固方式，并应符合现行国家标准《混凝土结构设计规范》GB 50010和《钢筋锚固板应用技术规程》JGJ 256的规定。

（9）应对连接件、焊缝、螺栓或铆钉等紧固件在不同设计状况下的承载力进行验算，并应符合现行国家标准《钢结构设计标准》GB 50017和《钢结构焊接规范》GB 50661等的规定。

（10）预制楼梯与支承构件之间宜采用简支连接。采用简支连接时，应符合下列规定：

① 预制楼梯宜一端设置固定铰，另一端设置滑动铰，其转动及滑动变形能力应满足结构层间位移的要求，且预制楼梯端部在支承构件上的最小搁置长度应符合表2.2-1的规定。

② 制楼梯设置滑动铰的端部应采取防止滑落的构造措施。

表2.2-1　预制楼梯端部在支承构件上的最小搁置长度

抗震设防烈度	6度	7度	8度
最小搁置长度/mm	75	75	100

2.3　装配式建筑设计要求

2.3.1　建筑结构要求

建筑、结构专业在设计过程中，应确保拆分方案、构件深化图纸满足原建筑结构安全要求，具体应包含：板厚、配筋、钢筋保护层厚度、构件几何尺寸、锚固长度、预留孔口、预留预埋等内容满足设计要求及后期施工需求。

2.3.2　使用功能要求

电气、暖通、消防、给排水、幕墙等专业安装预留洞口位置大小、预留预埋规格型号、预埋件等应满足设计使用功能要求。

2.3.3　指导生产要求

指导生产要求具体包含平面拆分方案设计（构件几何尺寸）、吊钉的设计、预制构件配筋图、安装预留预埋定位图及安装图例、混凝土强度等级要求等。

2.3.4　运输及成本控制要求

运输及成本控制要求具体包含构件几何尺寸大小应满足车辆运输要求，同类构件的规格应尽快统一，提高模具重复利用次数，以降低生产成本。

2.3.5　施工要求

（1）吊装安全，同时利于提高吊装效率（满足吊装要求）。

（2）平面拆分设计后，构件重量应满足起重设备有效吊装重量要求。

（3）拆分深化设计应满足施工可行性要求，确保现场施工可行（节点设计）。

（4）满足现场水电施工要求。

（5）满足防水要求（防水设防要求）。

（6）满足其他施工要求。

2.4 生产加工单位协同设计流程及主要内容

（1）构件深化阶段，设计单位需在满足设计规范的条件下，协同构件加工单位，根据其提供的加工工艺、技术难点，在满足生产周期的前提下，合理调整生产图纸，确保出图质量和生产合理性。

（2）深化设计单位在确定最终版构件生产蓝图后，书面移交给构件采购单位，由其交付给设计单位审核确认或按合同要求确认后交付给构件加工单位实施生产。

（3）在构件生产加工过程中，深化设计单位应同构件加工单位紧密联系，及时解决加工过程中的图纸类难题，确保生产流程。

（4）在生产过程中，若发生必需的设计变更，设计单位需及时告知施工、构件加工单位，由构件合同业主单位书面下达构件生产变更书，构件加工单位合理评估设计变更造成的影响及损失，提供变更报告书。

2.5 施工单位协同设计流程及主要内容

施工单位需全程参与构件拆分和深化过程，确保构件满足现场施工需求（运输、吊装、临时堆放等）。

（1）设计拆分前期，施工单位须及时完成现场平面布置、起吊设备点位布置，根据现场各户型、各楼栋的吊运能力，配合设计单位进行构件拆分。

（2）深化设计过程中，施工单位需根据现场施工工艺，及时提供预留预埋要求，例如各楼栋悬挑层预埋区域、放线孔预留、塔吊附壁点、施工货梯支撑点位置等。

（3）施工单位收到深化设计图纸后，需严格审查，根据深化图纸内容编制专项施工方案，根据使用构件的不同种类编制相应的吊装方案、构件临时支撑方案、竖向构件灌浆作业方案等，编制方案的内容要满足相关设计施工规范要求。

（4）在构件使用过程中，施工单位需严格按照设计图纸要求检查构件质量和控制安装精度，设计单位配合解决 PC 相关问题。

2.6 设计、生产加工单位责任与义务

2.6.1 设计单位责任与义务

设计单位在装配式建筑设计阶段，应充分结合预制构件生产、制作、运输、安装等各方

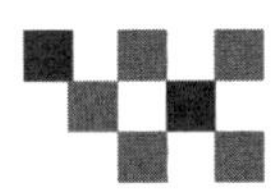

面，进行全面的协同设计、集成设计，提高设计的标准化及一体化程度。

1. 方案确定阶段

针对项目的特点和实际情况，初步确定预制构件种类及范围；针对图纸上的疑问及重难点与传统设计进行反复沟通交流；针对不符合装配式设计要求的地方，提出修改意见和建议，并配合传统设计进行图纸的修改；针对提供的结施、建施、水电、暖通、装饰装修等图纸，从设计角度和以往的设计经验提供合理建议，满足业主提供的各种合理要求，并确定预制构件种类及范围，计算装配率；综合实际情况和业主的修改意见，确定最终的预制构件深化方案。

2. 构件加工详图绘制阶段

在预制构件加工详图设计过程中，应与业主和构件加工制作单位保持沟通，及时调整各方提出的合理建议和要求。所有设计图纸严格执行校对审核制度，确保图纸准确无误，为构件的顺利生产奠定良好的基础。

3. 构件生产及使用阶段

生产前设计人员应配合生产单位对图纸进行学习和技术交底，协助制定切实可行的技术工艺标准。针对构件生产、现场装配阶段出现的质量问题，设计单位应配合生产厂家、施工单位，从设计、生产、现场安装等各方面寻找原因，及时处理，在后期的生产中改进做法，确保后续的产品杜绝此类问题。

针对出现的图纸变更情况，设计人员应根据实际情况综合考虑，提出合理的解决办法，及时发布图纸变更，积极响应业主提出的合理需求。

2.6.2　生产加工单位责任与义务

供需关系确定后，生产单位需按照供货计划要求安排订单的生产计划，并依据生产计划确定相应人员、模具、原材料供应计划，确定生产周期、单位时间生产量，保证按时按量供货。

生产加工单位需要足够的质量自控能力，在材料供应、检测试验、模具生产、钢筋制作绑扎、混凝土浇筑、预制构件养护脱模、预制件储存、交通运输等方面有相应规范和质量体系管控。

供货前期，生产加工单位需要紧密联系设计、施工单位，及时获取设计变更信息，调整模具预埋，同时，掌握现场施工进度，及时安排生产计划。这既为满足现场施工需求，也是减轻自身库存压力。供货期间，及时跟进现场施工进度，合理安排生产进度，稳定产品出货质量，确保构件供应，问题构件及时处理变更。项目供货完成后，积极处理项目意见反馈，配合项目部完成竣工验收工作。

2.7　生产加工合同基本约定

（1）预制构件采购合同需明确采购 PC 构件品种、价格及税额、构件单价的调整办法，确

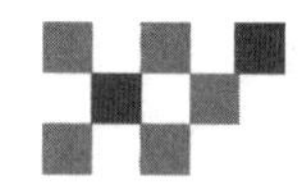

定构件规格型号、采购方量等基本信息。

（2）明确构件加工可供使用的钢筋、水泥、预埋件品牌，是否有甲供材料，并明确甲供材料的数量、供货节点。

（3）明确 PC 构件价格组成。PC 构件价格包括 PC 构件材料费、加工费、成品保护费、设计改图费、上车费、运输费、办理相关手续（含所需要提供的检测报告）费、质量保修期内保修等完成本合同工作所需的一切费用。

（4）装配式建筑技术评审内容：组织专家对项目工作机制、装配式建筑的设计、装配式建筑的施工以及装配式建筑相关技术应用情况进行评审，确保项目得以顺利实施，符合国家和地方产业政策要求。

（5）确定构件质量要求及技术标准，明确构件进场的质量要求和检验合格标准。

（6）约定供货周期、交货时间、地点与方式。

（7）约定结算与付款要求，是否约定预付款，以及进度付款节点，各付款节点的付款比例、付款方式和开票要求。

（8）合法约定双方的违约责任，明确违约条款及相关内容、合同纠纷解决方式。

（9）双方约定的其他内容。

（10）廉洁合同条款。

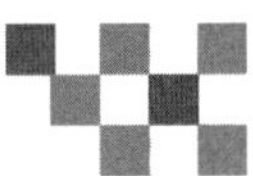

第3章 施工准备

3.1 技术准备

（1）施工单位应在施工前根据工程特点和施工规定，进行施工措施复核及验算，编制装配式结构专项施工方案。专项施工方案宜包括工程概况、编制依据、进度计划、施工场地布置、预制构件进场计划、预制构件运输与存放、构件吊装、安装与连接施工、成品保护、绿色施工、安全管理、质量管理、信息化管理、应急预案等内容。

（2）应该先做构件深化设计，再依据深化设计编制专项方案，宜进行三维碰撞检查，以避免结构自身及其与建筑、机电、装饰装修等专业的冲突。审核构件加工图，尤其是水电预留点位是否与现浇部分布置一致；深化构件加工和运输是否存在问题，发现问题应及时调整（例如开模无法满足要求及运输极易损坏）；塔吊、施工升降机附墙受力安全深化设计文件应经原设计单位认可。

（3）构件加工前，施工单位应对构件预留机电线管线盒、接地构件连接处钢筋、塔吊、施工升降机、外围护体系等预留洞进行深化与复核，无异议后开始开模生产构件；安装施工前，施工单位应对构件的安装部位进行标高和平面位置精确定位放线，校核预制构件加工图纸，对预制构件施工预留和预埋进行交底，进行施工措施复核及验算、编制。

（4）施工单位应严格按照施工总平面图进行施工总平面布置，并满足下列要求：

① 对施工机械、生产生活临建、材料及构件堆放区等进行最优化布置，同时应合理布置工程展示区场地，满足安全生产、文明施工、环境保护的要求。

② 应根据工程量计算、施工进度安排以及构件的特点，合理布置塔吊、物料提升机、混凝土泵等大中型机械设备，以达到最优的使用率。

③ 构件堆放区应设置在吊装机械覆盖范围内，避免二次转运。构件生产前需复核所有构件吊重，确保在吊装机械覆盖范围内，对应距离内有足够的起吊能力完成构件卸车、转运、吊装等工作。在构件堆放和吊装作业范围内，不得有其他障碍物，且不受其他施工作业的影响。

④ 现场布置应考虑在场区内的运输路线，并考虑构件存储区的位置，确保能满足吊装、卸车等要求。

（5）装配式混凝土结构工程施工前，宜选择有代表性的部位进行预制构件试安装，并应根据试安装结果及时调整施工工艺、完善施工方案。

（6）装配式混凝土结构工程施工宜采用工具式外防护架作为防护系统。

（7）预制构件安装前，应核对吊装设备的型号及吊装能力，并对力矩限制器、重量限制器、变幅限制器、行走限制器等安全保护装置进行检查，符合有关规定，确保合格后方可使用。预制构件起吊前，应对吊具及吊索进行检查，并对起重司机、信号指挥人员等特种作业人员配备和持证上岗情况进行检查。

（8）预制构件安装应在现场的天气、环境等满足吊装施工要求时方可进行。

（9）施工组织设计编制：

① 编制依据包括：合同、工程地勘报告、经审批的施工图、主要的现行国家和地方规范、标准等。

② 工程概况包括：PC工程建设概况、设计概况、施工范围、构件生产厂及现场条件、工程施工特点及重点难点，应对工程所采用的装配式混凝土结构体系，预制梁、柱、墙、板、阳台、飘窗、楼梯等主要构件种类数量、重量及分布进行详细分析，同时针对工程重难点提出解决措施。

工程建设主体单位概况样表见表3.1-1，工程结构概况样表见表3.1-2，工程建筑概况样表见表3.1-3。

表3.1-1　工程建设主体单位概况

序号	项目	内容
1	工程名称	
2	工程地址	
3	建设单位	
4	设计单位	
5	地勘单位	
6	监理单位	
7	施工单位	

表3.1-2　工程结构概况

<table>
<tr><td>序号</td><td>项目</td><td colspan="4"></td></tr>
<tr><td rowspan="2">1</td><td rowspan="2">结构形式</td><td>基础结构形式</td><td colspan="3"></td></tr>
<tr><td>主体结构形式</td><td colspan="3"></td></tr>
<tr><td rowspan="2">2</td><td rowspan="2">地质、水位</td><td>地质情况</td><td colspan="3"></td></tr>
<tr><td>地下水位/m</td><td colspan="3"></td></tr>
<tr><td rowspan="5">3</td><td rowspan="5">混凝土强度等级</td><td>楼栋</td><td>部位</td><td>强度等级</td><td>备注</td></tr>
<tr><td rowspan="4"></td><td>柱</td><td></td><td rowspan="4"></td></tr>
<tr><td>墙、梁、板</td><td></td></tr>
<tr><td>二次结构</td><td></td></tr>
<tr><td>基础垫层</td><td></td></tr>
</table>

续表

序号	项目		
4	抗震等级	工程设防烈度	
		抗震等级	
5	钢筋类别		
6	钢筋接头形式		
7	预制构件类型及装配率		

表 3.1-3 工程建筑概况

序号	项目				
1	建筑功能				
2	建筑特点				
3	建筑面积/m^2	总建筑面积		占地面积	
		地下部分建筑面积		地上建筑面积	
4	建筑层数	地上		地下	
5	建筑高度/m	建筑总高		室内外高差	
		基底标高		最大基坑深度	
6	装配式装饰情况				
7	设备管线装配情况				

③ 施工目标主要内容包括：PC工程的工期、质量、安全生产、文明施工和职业健康安全管理、科技进步和创优目标、服务目标和对各项目标进行内部责任分解。

④ 项目组织机构如图3.1-1所示。

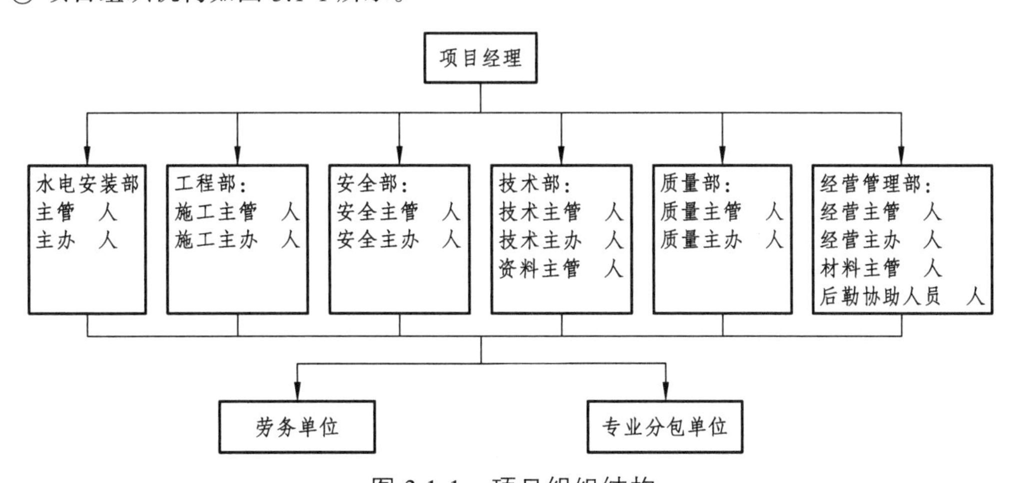

图 3.1-1 项目组织结构

⑤ 施工组织与部署主要内容包括：以图表等形式列出项目管理组织机构图并说明项目管理模式、项目管理人员配备及职责分工、项目劳务队安排；概述工程施工区段的划分、施工

顺序、施工任务划分、主要施工技术措施等；在施工部署中应明确装配式工程的总体施工流程、预制构件生产运输流程、标准层施工流程等工作部署，充分考虑现浇结构施工与 PC 构件吊装作业的交叉，明确两者工序穿插顺序，明确作业界面划分；在施工部署过程中还应综合考虑构件数量、吊重、工期等因素，明确起重设备和主要施工方法，尽可能做到区段流水作业，提高工效。

⑥ 施工进度计划主要内容包括：根据工程工期要求，说明总工期安排、节点工期要求，编制出施工总进度计划、单位工程施工进度计划及阶段进度计划（标准层进度计划），并具体阐述各级进度计划的保证措施；装配式建筑施工进度计划应综合考虑预制构件深化设计及生产运输所需时间，制订构件生产供应计划、预制构件吊装计划、外防护搭设计划等。

⑦ 施工总平布置主要内容包括：场地整体总平面布置；PC 构件运输路线及规划，运输车辆场地内运输路线转弯分析、会车分析、回车分析等；PC 构件的堆场布置；吊装起重设备选型；吊装起重设备定位和布置。

⑧ 施工技术方案：根据施工组织与部署中所采取的技术方案，对本工程的施工技术进行相应的叙述，并对施工技术的组织措施及其实施、检查改进、实施责任划分进行叙述。

在装配式建筑施工组织设计技术方案中，除包含传统基础施工、现浇结构施工等施工方案外，应对 PC 构件生产方案、运输方案（顶板加固）、堆放方案、吊装方案、外防护方案、预制构件临时支撑、灌浆作业、安装缝处理等进行详细叙述。

⑨ 相关保证措施主要包括：质量保证措施、安全生产保证措施、文明施工环境保护措施、季节施工措施、成本控制措施等。

质量管理应根据工程整体质量管理目标制定，在工程施工过程中围绕质量目标对各部门进行分工，制定构件生产、运输、吊装、成品保护等各施工工序的质量管理要点，实施全员质量管理、全过程质量管理。安全文明施工管理应根据工程整体安全管理目标制定，在工程施工过程中围绕安全文明施工目标对各部门进行分工，明确预制构件制作、运输、吊装施工等不同工序的安全文明施工管理重点，落实安全生产责任制，严格实施安全文明施工管理措施。

3.2 材料准备

（1）装配式混凝土结构工程中使用的材料、构配件及产品应符合设计要求及相应现行标准的规定。

（2）模板及支架材料的技术指标应符合国家现行有关标准的规定，宜选用轻质、高强、耐用的材料；清水混凝土模板的面板材料应能保证脱模后所需的饰面效果。

（3）预应力筋用锚具、夹具和连接器的性能，应符合现行国家标准《预应力筋用锚具、夹具和连接器》GB/T 14370—2015 的有关规定。

（4）装配式混凝土结构施工中采用专用定型产品时，专用定型产品及施工操作应符合现行有关国家、行业标准及产品应用技术手册的规定。

主要施工材料样表见表3.2-1。

表3.2-1 主要施工材料表

序号	施工材料	型号	数量	备注
1	手拉葫芦			
2	撬棍			
3	卡环			
4	卷尺			
5	手锤			
6	焊条			
7	线坠			
8	缆风绳			
9	钢丝绳			
10	吊装梁			
11	靠尺			
12	支撑架			
13	方钢			
14	螺栓			

3.3 人员准备

（1）施工单位应根据装配式混凝土结构工程特点配置项目部的机构和人员。现场作业人员除应配备现浇工艺工种外，尚需配备专业构件吊装工和灌浆工等工种。

（2）装配式混凝土结构施工的特种作业人员应考试合格并取得相应的操作证书后，方可上岗作业。

（3）施工单位应根据装配式混凝土结构工程施工的管理和技术特点，对管理人员及作业人员进行专项培训。

（4）装配式混凝土结构施工前，施工单位应对技术人员、现场作业人员进行质量安全技术交底。

3.4 作业条件准备

（1）预制构件吊装、安装施工应严格按照施工方案执行，各工序的施工，应在前一道工序质量检查合格后进行，工序控制应符合规范和设计要求。

（2）施工单位应根据工程的特点、施工进度计划、构件的种类和最大重量，选择适宜的塔式起重机、吊车等起重机械设备，所有起重机械设备应具有特种设备制造许可证及产品合格证。

（3）预制构件吊装梁应根据起吊构件的种类、大小、形状和重量进行设计，应满足所有构件使用要求，并应符合下列要求：

① 横梁的吊钩、夹钳等吊具连接应安全可靠，且不得降低横梁、吊具原有机械性能。

② 横梁上的吊具应对称地分布，且横梁与吊具承载点之间的垂直距离应相等，以保证横梁在承载和空载时保持平衡状态。

③ 当横梁直接挂入起重机承载吊钩时，起重机吊钩宜设置意外脱钩的闭锁装置。

④ 吊装梁结构如图 3.4-1，应根据构件重量、规格大小、起吊点距离、受力特点等因素进行受力计算，验算满足受力要求及相关方案审批完成后方可实施。

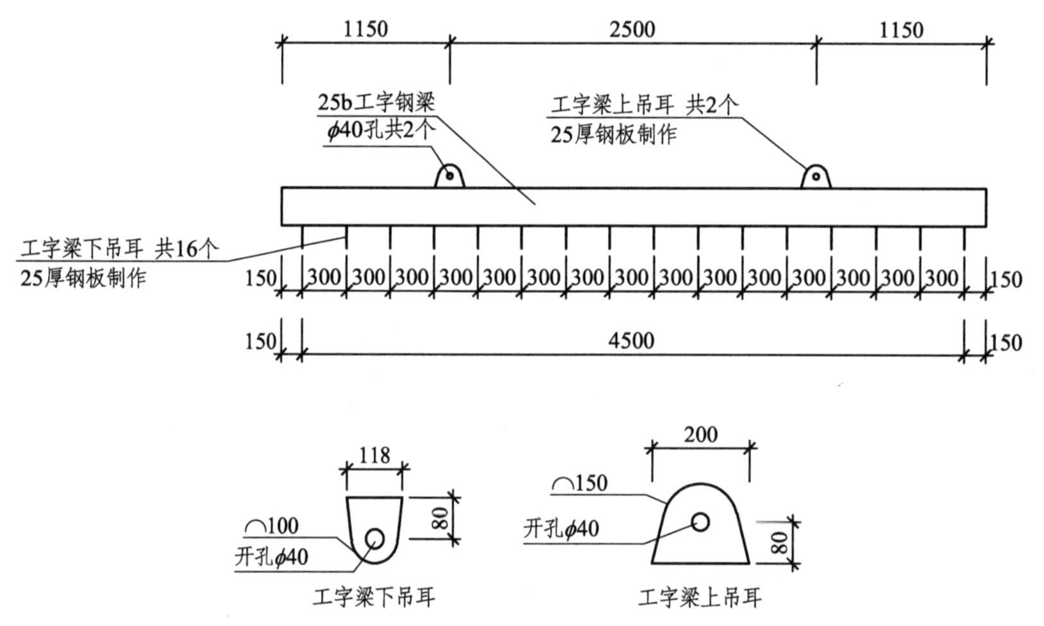

图 3.4-1　吊装梁结构图（单位：mm）

⑤ 钢丝绳的主要数据应符合国家现行标准《钢丝绳通用技术条件》GB/T 20118—2017 和《建筑施工起重吊装工程安全技术规范》JGJ 276—2012 等的有关规定。

⑥ 钢丝绳卡安装应符合国家现行标准《钢丝绳夹》GB 5976—2006 的规定。

⑦ 应根据预制构件的类型、大小、形状和重量设计和选用合理的预埋吊件。预埋吊件应采用热轧钢筋，严禁使用冷加工钢筋制作。吊装用内埋式螺母或吊杆的材料应符合现行国家标准《混凝土结构设计规范》GB 50010—2010 的有关规定。

⑧ 经验算后选择起重设备、吊具和吊索，在吊装前，应由专人检查核对确保型号、机具与方案一致。

⑨ 安装施工前应按工序要求检查核对已施工完成结构部分的质量；测量放线后，标出安装定位标志，必要时应提前安装限位装置。

主要施工机具设备样表见表 3.4-1。

表 3.4-1　主要施工机具设备表

序号	施工机具设备	型号	数量	备注
1	塔机			
2	焊机			
3	灌浆机			
4	经纬仪			
5	水准仪			
6	小型千斤顶			

第 4 章 施工总平布置管理

4.1 总平布置基本原则

（1）合理规划施工出入口、现场道路、构件卸车点和临时堆放点，保证运输畅通，避免二次转运。

（2）综合考虑建筑平面、相邻构筑物情况、塔吊安拆、塔吊附着、构件重量、吊装次数及覆盖范围等因素，确定塔吊数量、型号、位置和回转半径。

（3）装配式构件存放满足规范要求并处于起重设备吊运工作范围。

（4）塔机与结构连接应牢固、可靠，经设计复核后选择相应附墙连接形式。

（5）根据构件重量、形状、尺寸和运输道路情况，选择最佳的运输车辆和方式。

（6）现场所有设施由总平面布置图表述，减少文字叙述（示例见图 4.1-1）。

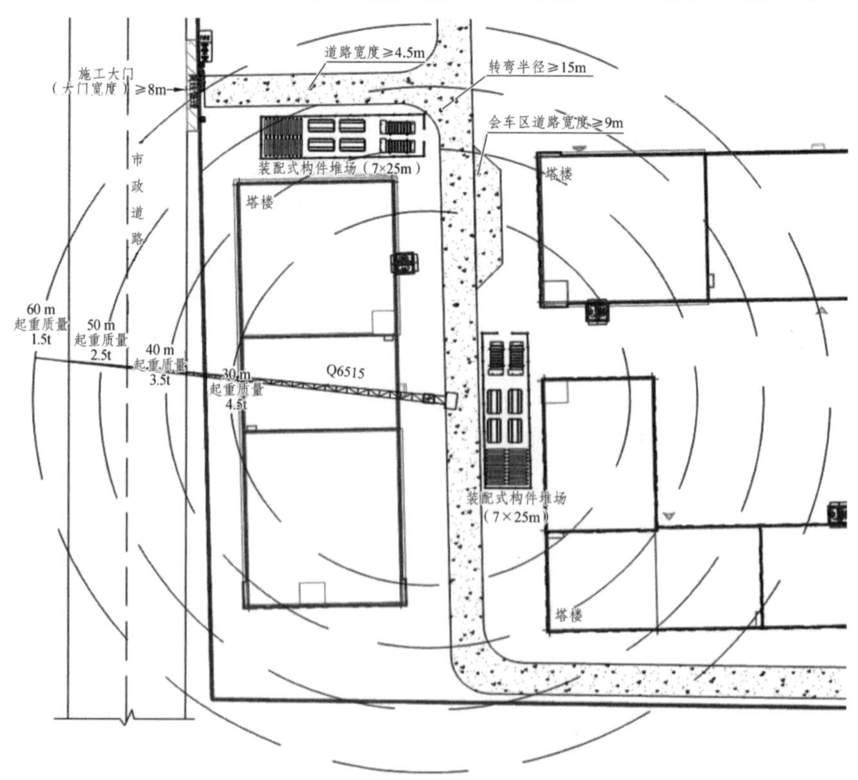

图 4.1-1 施工总平布置图示例

4.2　构件运输车辆入口及道路要求

4.2.1　施工现场大门

（1）进场通道大门处无坡道时，施工进场大门内净高度 $H \geqslant 5$ m，如图 4.2-1。

（2）进场通道大门处有坡道时，施工进场大门内净高度 $H \geqslant 6$ m，道路坡度≤15°，如图 4.2-2。

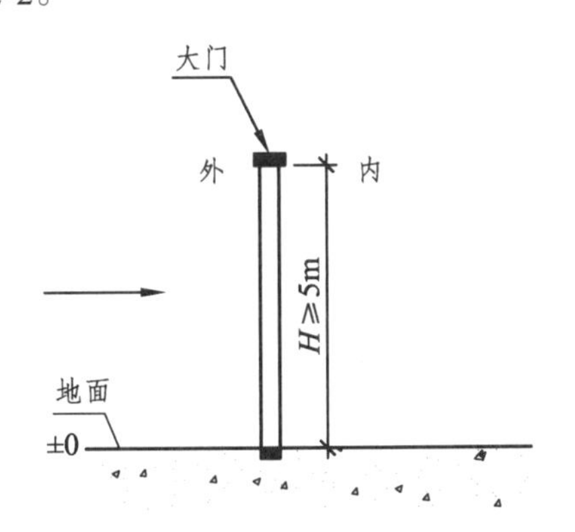

图 4.2-1　进场通道无坡示意图

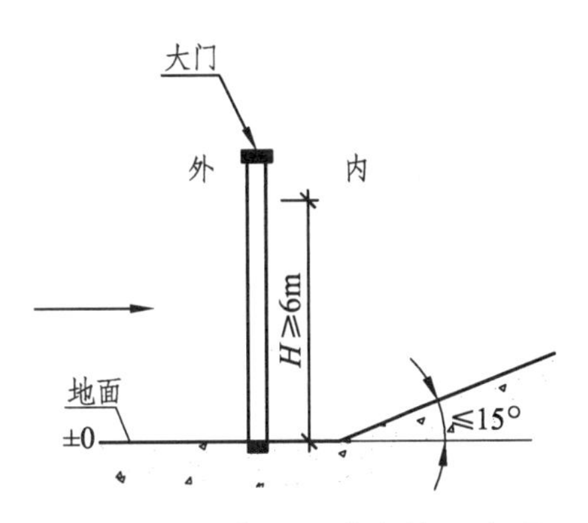

图 4.2-2　进场通道有坡示意图

（3）当市政道路行进方向与大门进出方向呈 90°左右时，若市政道路宽≤8 m，则施工大门宽度宜≥8 m；若市政道路宽 > 8 m，则施工大门宽度宜≥6 m。如图 4.2-3。

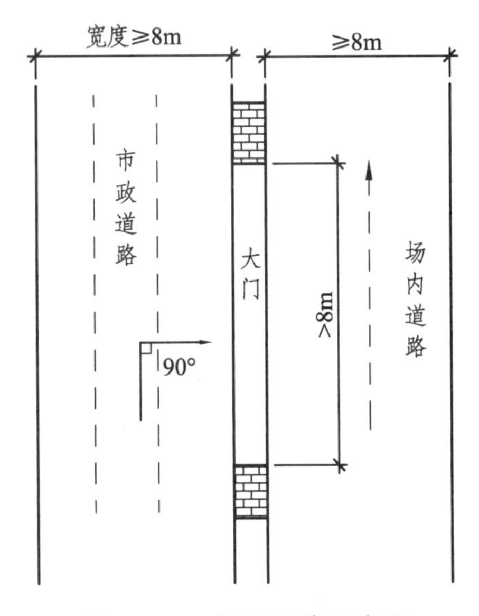

图 4.2-3　市政道路示意图

（4）当市政道路行进方向与大门进出方向基本一致时，施工大门宽度宜≥6 m，场内直线段道路长度宜>16 m，如图 4.2-4。

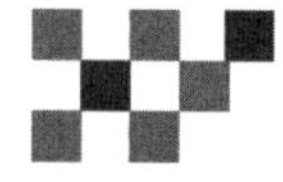

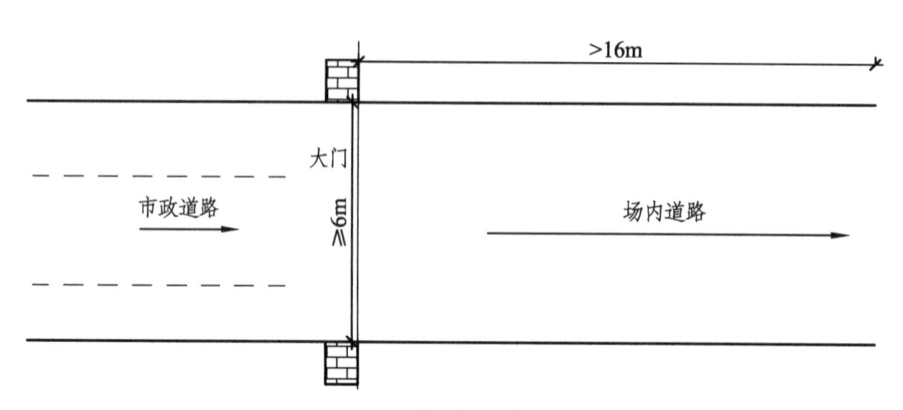

图 4.2-4　市政道路示意图

（5）当有长度＞8 m 的重型、异型构件时，宜另行设计大门高度和宽度尺寸。

4.2.2　施工现场道路

（1）现场道路布置应与原有永久道路相结合，并充分利用拟建道路为施工服务。

（2）运输车辆进入施工现场的道路，应满足预制构件运输车辆的承载力要求，如需通过地下室顶板，必须经原设计单位验算，承载力不足时应提高结构的设计承载能力或采取可靠的回顶加固措施。

（3）选择支撑加固时，道路、堆场下方的模板支架不拆除，作为顶板加固措施。脚手架支撑系统的搭设参数根据承载力验算确定，构造要求符合规范标准规定。

（4）施工现场应根据施工平面规划设置运输道路，场内道路应按照构件运输车辆的要求合理设置转弯半径及道路坡度。一般道路宽度宜≥4.5 m，转弯处圆弧段宽度≥6.5 m，转弯半径宜≥15 m，坡道坡度宜≤15°，如图 4.2-5 ~ 图 4.2-8。

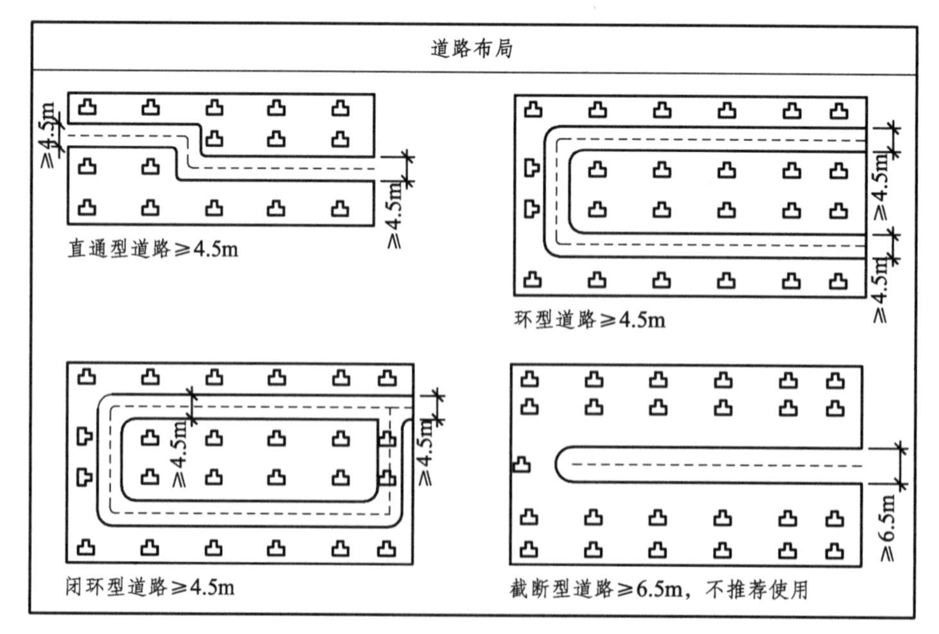

图 4.2-5　场内道路布局示意图

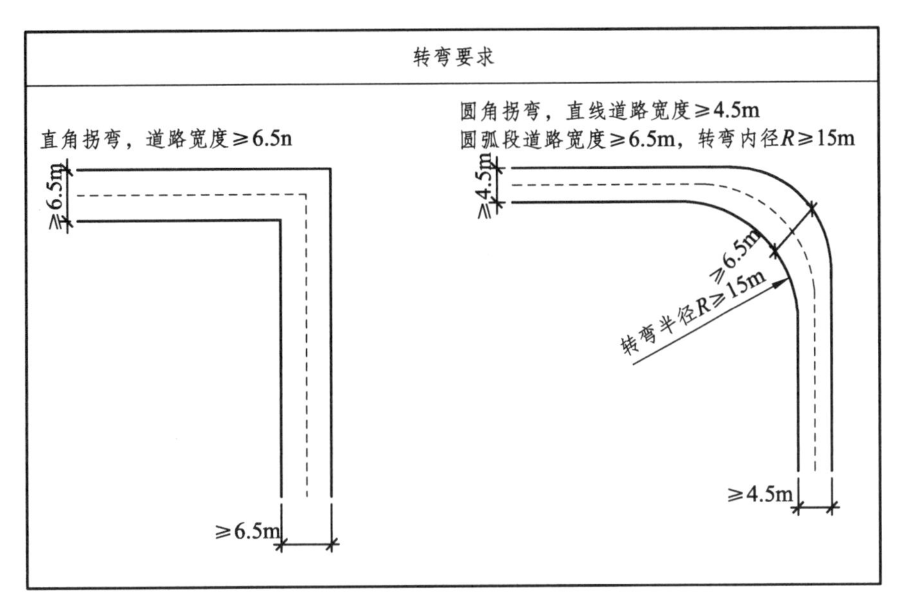

图 4.2-6　场内道路转弯示意图

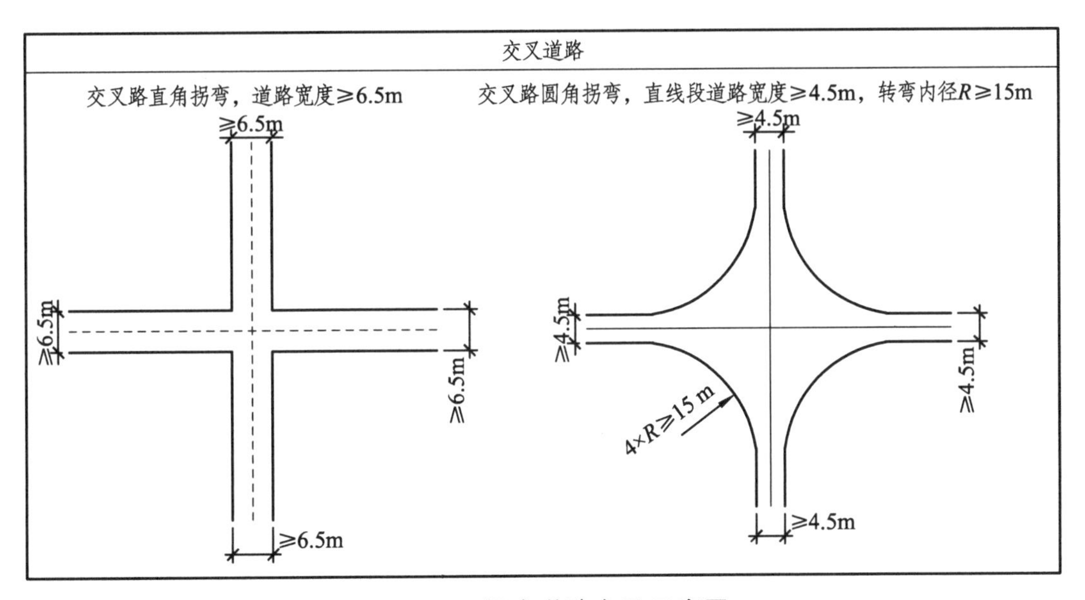

图 4.2-7　场内道路交叉示意图

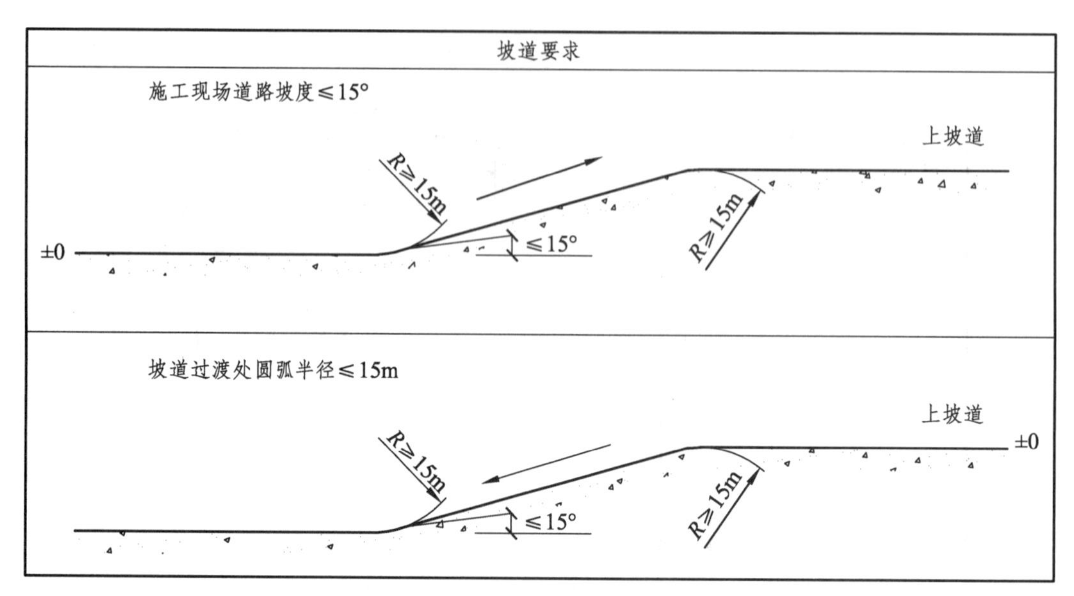

图 4.2-8　场内道路坡道示意图

4.3　构件堆场要求

（1）装配式构件堆场应设置在吊装机械覆盖范围及对应距离起吊能力范围内，以避免起吊盲点及二次运转。在堆放、吊装工作范围内，不得有障碍物，且不受其他施工作业影响。

（2）场地应平整、坚实，并应有良好的排水措施。堆放构件时应使用定置化、可周转、不易变形的支垫或固定支架，不宜直接堆放于地面上。堆放区域应与其他作业区之间设置隔离栏杆，形成单独的封闭存放区域。

（3）装配式构件堆码宜实行分区管理和信息化台账管理。

（4）应按照产品品种、规格型号、检验状态分类存放，产品标识应明确、耐久，预埋吊件应朝上，标识应向外。

（5）应合理设置支垫位置，确保预制构件存放稳定，支点宜与起吊点位置一致。

（6）与清水混凝土面接触的支垫应采用防污染措施。

（7）预制墙板可采用插放或靠放进行存放，插放架、靠放架应有足够的强度、刚度和稳定性，并需支垫稳固。对采用靠放架立放的构件，宜对称靠放且外饰面朝外，其与地面的倾斜角度宜大于 80°，构件上部采取隔离措施。叠合板、柱、梁等构件可采用叠放的方式，重叠堆放的构件应采用支垫隔开，上、下支垫应在同一垂线上，其堆放高度应遵守以下规定：柱不宜超过 2 层，梁不宜超过 3 层，板类构件一般不宜大于 6 层，各堆垛间按规范留设通道。

（8）大跨度、超重等特殊预制构件或预制构件堆放超过规定层数时，应对构件自身、构件支垫、地基承载力及堆垛稳定性进行验算。

（9）预制柱、梁等细长构件宜平放且用两条垫木支撑。

（10）预制内外墙板、挂板宜采用专用支架直立存放，支架应有足够的强度和刚度，薄弱构件、构件薄弱部位和门窗洞口应采取防止变形开裂的临时加固措施。

（11）构件的存放支架应具有足够的抗倾覆性能。

（12）堆放预应力构件时，应根据构件起拱值的大小和堆放时间采取相应措施。

（13）施工现场需要的堆场面积参考：对于一个标准层建筑面积约 600 m^2 的楼栋，若仅堆放水平构件，参考堆场面积需要约 200 m^2；若含有竖向构件，则参考堆场面积需要约 400 m^2。

（14）PC 堆场设计面积尽量不小于三分之一单层（标准层）建筑面积。

（15）当构件堆场位于车库顶板上时，要根据堆场的最大局部等效荷载与车库顶板正常使用荷载来确定堆场基础部位是否需要加固处理。

（16）预制墙板堆放要求采用立架放置，每个立架最多放置 8 块，立架底部需设置三道以上垫木。

（17）叠合板、阳台板、空调板堆放要求：堆放层数不超过 6 层，设置两道垫木，上下垫木应对齐。

（18）预制楼梯堆放，要求底部垫木，堆放不超过 3 层，每层之间用三层板隔开，防止起吊时磕损。

4.4　吊装机械选择及布置

4.4.1　机械选择、布置原则

（1）现场吊装宜选用参数相适应的变频塔吊，应具有特种设备制造许可证及产品合格证，塔吊最大起重质量应不小于吊装构件与吊具总质量的 1.2 倍。

（2）塔吊布置：根据该项目的总平关系、预制构件的重量初步确定塔吊布置点位；尽量使塔吊回转中心靠近最重装配式构件的安装位置，优先选择在地下室区域之外布置塔吊和构件堆场，尽量避免堆场和运输车辆上地下室顶板。

（3）根据塔吊参数，以 5 m 为一个长度单元找到最重构件的位置来确定塔吊型号及臂长；塔吊选择中心与装配式构件堆场应尽可能处于同一侧，中间无障碍，避免出现盲区作业，如图 4.4-1。

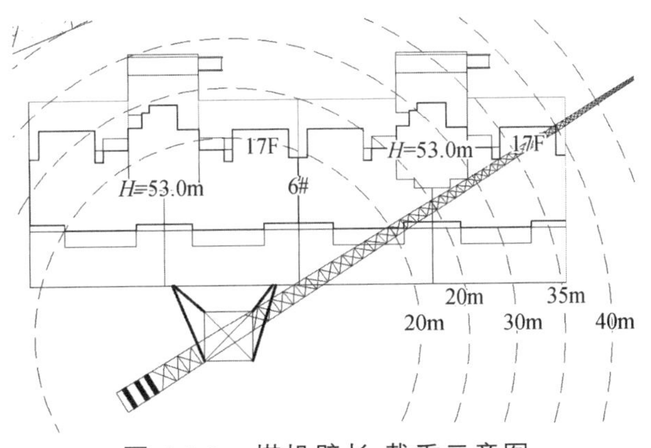

图 4.4-1　塔机臂长-载重示意图

（4）平面中塔吊附着的方向与标准节所形成的角度应在 30°～60°，附着点结构需经设计单位验算，当设计验算不满足塔吊附着受力要求时，应对附着点结构进行加固设计。

（5）塔吊大臂覆盖范围在总平面图中应尽量避免居民建筑物、高压线、变压器等，如有特殊情况应满足安全和规范要求。

（6）塔吊之间的距离应满足安全要求，群塔作业处于高位的起重机（吊钩升至最高点）与低位的起重机之间，在任何情况下，其垂直方向的间隙不得小于 2 m。

（7）塔吊的布置数量应综合考虑建筑的体量、工期、预制构件种类及数量，经过详细的吊次分析后再确定。

4.4.2　主要起重机械技术参数

（1）塔吊选型中，主要考虑的参数包括：型号、起重臂长度、起吊倍率、安装高度、附墙位置及长度因素。

（2）考虑现场场地条件、建筑物总高度、层数、面积因素，结合成本综合考虑。

（3）结合项目装配式构件重量，须满足吊距最远端吊重需求。

（4）装配式建筑工程中常见塔吊型号及其特性见表 4.4-1。

表 4.4-1　塔吊型号及其特性表

塔机型号	标节尺寸/m	工作幅度/m	最大起重质量/t	端部起重质量/t	安装高度/m
Q6015	2×2×3	60	10	1.5	137
Q6018	2×2×3	60	10	1.8	182
Q6024	2×2×3	60	12	2.4	162
Q6517	2×2×3	65	12	1.7	162
Q7030	2×2×3	70	16	3	186
Q7050	2.45×2.45×5	70	20	5	226
Q900	4×4×5.78	70	32	9.1	287
Q1250	4×4×5.78	80	50	11.5	267

（5）一般情况下现场布置塔吊完成多层、高层建筑的吊装作业。当出现以下情况时，可以考虑使用轮式起重机（吊车）完成相关作业：低楼层的吊装作业；塔吊吊装作业时间紧、任务重；装配式构件装卸车、转场；塔吊覆盖范围不足。

（6）轮式起重机（吊车）选择应考虑装配式构件种类、质量、平面位置等因素。常见轮式起重机相关参数见表 4.4-2。

表 4.4-2　轮式起重机参数数据

轮式起重机型号	（长/m）×（宽/m）×（高/m）	（发动机额定功率 kW）/[转速/（r/min）]	最大额定起重质量/t	最小额定幅度/m	最大起重力矩/（kN·m）	最长主臂/m	最长主臂+副臂起升高度/m
QY16D	11.99×2.5×3.35	170/2200	16	3	686	30.7	38.5
QY20G	12×2.5×3.32	192/2200	20	3	833	32.27	40.44
QY25K5-I	12.55×2.5×3.38	206/2200	25	3	1000	33.15	41.2
QY50K-II	13.77×2.8×3.57	247/2200	50	3	1764	42.7	57.6
QY70K-I	13.9×2.8×3.57	276/2200	70	3	2303	44.5	59.5
QY80K	14.37×2.8×3.77	315/1900	80	3	2675	44.8	60.8
QY90K	14.7×2.8×3.9	315/1900	90	3	3234	54	65.1

4.5　垂直运输管理

4.5.1　垂直运输吊装机械选择

塔机型号选择和布置原则参考表 4.4-1，轮式起重机型号选择和布置原则参考表 4.4-2。

4.5.2　垂直运输管理措施

（1）预制构件堆放在吊装机械作业范围内，且应在其一侧，避免“翻山吊”而使吊运工有盲区作业。

（2）吊运时在吊装范围内设置警戒线，并安排专人进行监管，避免在吊装过程中不相关人员进入，影响正常吊装作业并产生安全隐患。

（3）吊装作业应与其他工种作业区保持安全作业距离，互不干扰。

4.5.3　垂直运输方式方法及工具规定

1. 垂直运输方式方法

（1）遵循便于施工、利于安装的原则，提前制订安装进度计划和吊运方案。

（2）起吊前检查吊装设备，检查预制构件吊点数量、位置是否正确。

（3）根据不同构件，选择相应吊具，避免出现构件安装角度偏差、重心偏移等问题。

（4）在进行正式吊装前，由地面指挥发出指令，将预制构件缓慢吊离地面约 500 mm，对起重机械、吊索吊具进行检查，确认正常后继续进行吊装作业。

（5）在到达作业面上方约 600 mm 时，略作停顿，施工人员手扶预制构件，控制其位置并缓慢下落至准确落位。

2. 吊具设备

各类吊具设备如图 4.5-1 ~ 图 4.5-3 所示。

图 4.5-1 专用吊具　　图 4.5-2 索具

万向吊具　U 形环　钢丝绳　牵引绳

接驳器　卸扣　吊环　调节葫芦

图 4.5-3 连接装备

3. 不同装配式构件吊装及吊具使用

（1）预制剪力墙吊装：使用吊装梁、吊索、吊环、缆风绳等工具，根据墙的尺寸采用多点起吊，如图 4.5-4。

图 4.5-4 预制剪力墙吊装

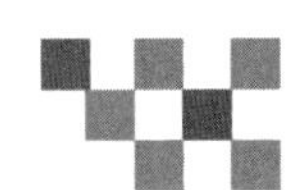

（2）预制柱吊装：使用吊钩、缆风绳等工具，根据柱尺寸和重量选择单点或多点起吊，如图 4.5-5。

（3）预制梁吊装：使用吊装梁、吊索等工具，吊索和构件水平夹角不宜小于 60°，不应小于 45°，如图 4.5-6。

图 4.5-5　预制柱吊装

图 4.5-6　预制梁吊装

（4）预制叠合板吊装：使用桁架式吊具、吊索、吊环等工具，每块板不少于 4 点起吊，吊索和构件水平夹角宜≥60°，如图 4.5-7。

（5）预制楼梯吊装：使用吊索、吊环、调节葫芦等工具，4 点起吊，吊索受力应均匀，如图 4.5-8。

图 4.5-7　叠合板吊装

图 4.5-8　预制楼梯吊装

4.5.4　垂直运输机械（施工电梯）布置

（1）施工电梯布置应选择在后续装修工程量较少、上楼层运输通道较短且对后续装修影响较小、较大洞口且反坎较低等位置。

（2）施工电梯位置应考虑 PC 墙板预留洞，方便工人和推车进入楼层。若取消 PC 墙板改为后期砌筑，应经过预制率的核算。

（3）附墙拉结宜布置在现浇结构上，附墙的结构构造做法应经设计方复核、同意。

（4）施工电梯基础位于地下室顶板上的，应注意电梯及其通道区域地下室施工进度与主楼施工进度匹配，同时协调设计单位，采取结构加固措施，以避免因施工电梯基础地下室顶板处回顶加固影响地下室安装工程施工。

4.5.5 现浇混凝土相关要求

（1）在运输过程中应保持混凝土的和易性，使其不发生离析现象。

（2）混凝土运至浇筑地点开始浇筑时，应满足设计配合比所规定的坍落度。

（3）应根据现场条件、气候条件、运输道路情况、浇筑部位确定合理的混凝土初凝时间和坍落度。

（4）运送混凝土的容器应严密、不漏浆，容器内部应平整光洁、不吸水。

（5）作业层配置泵管、布料机时应优先采用下支撑加固，如图 4.5-9。

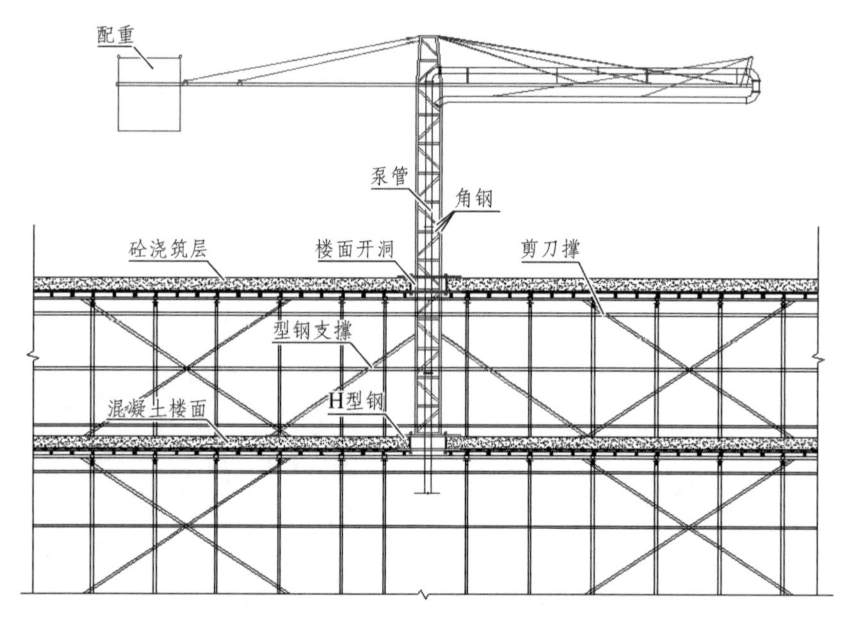

图 4.5-9 泵管及布料机布置示意图

第 5 章　项目进度控制

5.1　进度计划编制

5.1.1　设计阶段主要工作及工作时间

1. 方案设计阶段

1）总图方案阶段

根据设计任务书中关于装配式建筑的相关要求进行设计。现场根据装配式构件的类型、重量、位置等因素综合分析塔吊工况，选择适宜的塔吊型号。

2）方案设计前期阶段

（1）户型平面、外立面优化建议。

（2）装配式体系的选择。

（3）装配范围初步界定及预制构件种类的选择。

（4）初步建立装配模型。

（5）装配率或预制率的初步计算。

（6）深化构件连接节点以便于施工。

（7）深化钢筋碰撞检查，提前解决碰撞问题。

（8）深化窗边节点，避免后期渗漏问题。

（9）深化构件重量设计，避免塔吊因个别构件影响而加大塔吊选型或增加塔吊等引起资源浪费。

（10）深化外立面造型设计，构件加工时一次到位，避免现场二次施工对构件产生不同程度的影响。

3）方案设计后期阶段

（1）户型平面、外立面及其他优化结果检查。

（2）装配式体系的确认。

（3）装配范围及预制构件种类确认。

（4）细化装配模型。

（5）装配率或预制率的核算确认。

4）初步设计阶段

（1）各栋户型平面、立面拆分。

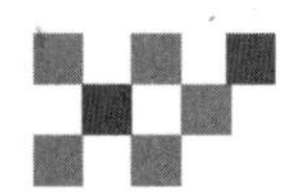

（2）建筑三维模型分析、预制构件优化。

（3）主要装配连接构造设计节点。

（4）结构布置优化、结构模型分析。

（5）施工可行性分析建议。

PC构件深化设计节点如图5.1-1所示。

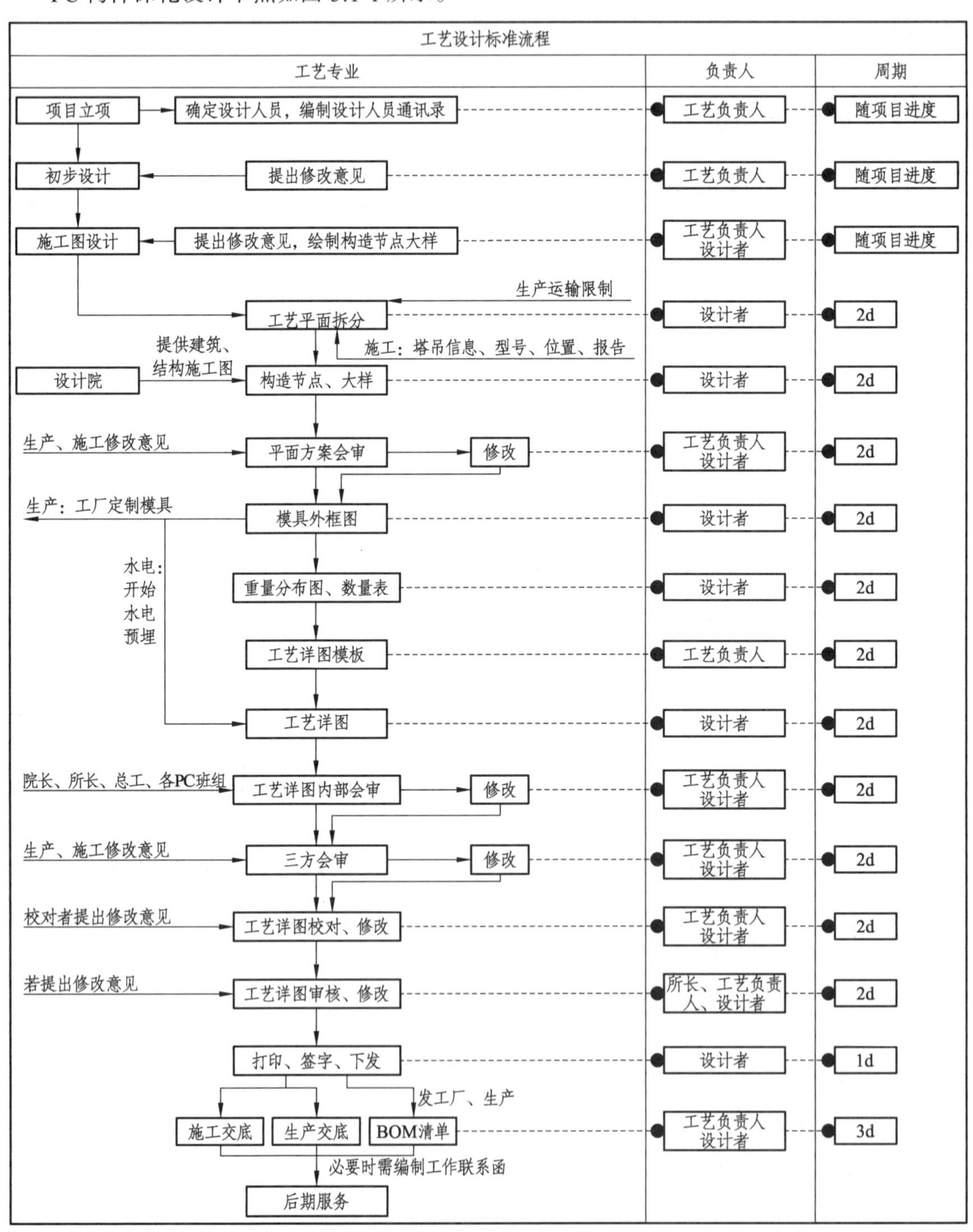

图5.1-1 PC构件深化设计节点

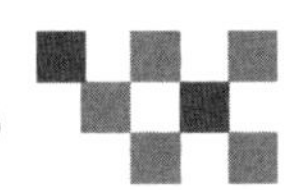

5）工作时间

根据大量数据分析总结，设计周期约 40 d。

2. 施工图设计工作及时间

1）施工图设计

（1）装配式建筑、结构、设备各专业设计说明或专篇，各专业设计应加强沟通，避免因建筑、结构调整而其他配套设计未及时调整产生的图纸问题。

（2）提供装配式构造节点。

（3）提供特殊装配式构造节点，确认方案。

（4）外围护材料节能设计计算方法建议。

（5）装配式整体防水设计方案及建议。

2）工艺设计内容

（1）工艺拆板平面图设计、预制率计算、装配节点详图设计。

（2）水、电预留预埋设计。

（3）生产工艺详图设计。

（4）整套工艺图设计。

（5）材料清单统计。

3）工作时间

结合实际工作案例，一般情况，工艺设计周期约 47 d，详情请见图 5.1-1。

5.1.2　构件生产主要工作及工作时间

PC 工厂构件的制作通常会遵循生产项目导入、生产准备、首件打样、首层供货、量产供货几个阶段。从生产项目导入工厂到首层供货过程，为了对进度做好全方位管控，确保工厂交期，生产单位应做非常详细的进度推进管控计划，通常可以在 45 d 内实现对工厂的首层供货，见图 5.1-2。

1. 生产项目导入

生产项目导入是指工厂从市场部门接受订单并进行项目总排产的过程。接收订单最重要的是项目详情的确认，项目详情主要包括项目概况（项目地址、路况、楼栋量、户型量、层量、构件类型比例与面体积信息等）、施工信息（吊装方案、吊装进度与节点计划）、设计信息（构件详图与 BOM 清单）等，尤其是要通过实地考察对项目实际进度进行确认，这是工厂项目排产的关键影响因素之一。项目总排产是由工厂的生产部门基于项目详情综合平衡项目需求与工厂资源后，对项目生产周期内所需资源进行排配，对首轮构件生产资源准备而进行的管理活动。

项目导入标准周期图（工艺详图下发—交货45d）

事项	责任部门	时间/d
项目信息实地了解	资材/厂长/用户	
组织项目技术交底	产品设计部	
工艺详图下发	产品设计部	1
设计清单提供	产品设计部	1
施工吊装顺序提供	产品设计部	1
项目总排程	资材	1
项目推进计刻	资材	1
项目材料需求计划	资材	1
项目材料及人工成本预算	资材	1
材料采购	资材/采购	20
模具设计	工艺工程	7
模具采购	资材/采购	1
排模布模方案	工艺工程	7
模具制作	资材/采购/工艺	25
模具装配	工艺工程/生产	15
试生产	工艺工程/生产	15
首件确认	品质/监理/业主	5
量产供货	生产	1

图 5.1-2　项目推进计划

2. 生产准备

生产准备是指构件制作所需资源的全面准备，主要包括构件模具设计、生产工艺的设计、材料采购、生产组织等。其中：生产工艺设计主要包括装车堆码方案设计、生产台车排模方案设计、生产模具设计、相关生产工装部品部件设计等；材料采购则包括模具原材料采购与成品模具外协加工计划、BOM 物料的采购、辅材采购等；生产组织则是依据生产计划重点组织半成品物料的加工、模具的安装以及线体的维保等。

3. 首件打样

首件打样是由工厂组织的以一组代表性产品进行试生产，针对生产过程组织、生产工艺可靠性以及产品质量符合性等，由项目业主方、监理方、设计方、施工方等进行综合验收的过程。通过首件打样，工厂方重点确认图纸与清单准确、工艺可靠、质量可控，而外部方则重点确认产品符合其需求。总之，首件打样是有组织、有纪律、多方参与的过程，合格之后，工厂方才能具备量产供货的资格。

4. 首层供货

首层供货就是基于项目方的具体吊装需求，工厂为之准备具体项目栋号的第一层构件，这是项目工地与工厂的首次磨合。工厂按需及时响应工地需求构件，工地提供构件卸货场所，以促进工厂构件快速周转，保障工地项目吊装效率。施工方应进行运输线路的综合调研，确定运输线路。

5. 量产供货

量产供货就是工厂依据项目各栋号的实际吊装需求，结合工厂资源，通过信息流与物料流的平衡匹配，实现大规模定制化批量生产，确保项目交期达成的过程。量产过程中工厂的标准产能参数如表 5.1-1 所示。

表 5.1-1 PC 工厂产能参数

NO.	构件类型	单班人数/人	节拍/min	工作时数/h	标准产能/台车	台车利用率	台车有效面积（PC）/m^2	标准产能（PC）/m^2	标准产能/m^3	标准单人工效/[m^3/（人·8 h）]
1	第五代外墙板（160）	28	20	8	24	50%	21	504	81	2.9
2	第六代外墙板（300）	36	30	8	16	50%	21	336	101	2.8
3	内墙板（200）	28	30	8	16	50%	21	336	67	2.4
4	楼板（60）	18	15	8	32	60%	25	806	48	2.6

5.1.3 主要构件安装工作时间

装配式混凝土建筑现场施工的主要内容包括：各类构件的安装、预制剪力墙套筒灌浆、钢筋的绑扎、水电设备管线的安装、叠合板支撑搭设、模板的安装、混凝土的浇筑等工序。其进度计划的编制受各个工序工作量、人员数量影响较大。传统混凝土建筑的施工进度，除去必要的技术间歇时间，进度可随着人员的增减进行调整。由于装配式建筑中预制构件需通过大型机械设备进行安装，且受人员数量因素影响较大，预制率的大小、构件的数量对主体的施工进度有着直接的影响。预制构件作为主体结构的一部分，若未完成安装，则无法进行钢筋绑扎、模板安装、混凝土浇筑等工序，因此在编制装配式建筑进度计划时，构件安装工程必须作为关键线路之一。

1. 人工工效

（1）预制构件安装：外墙挂板约为 15 min 一块，预制剪力墙约 30 min 一块，内墙板、隔墙板约为 15 min 一块，叠合梁和叠合楼板约为 12 min 一块，楼梯梯段吊装约为 15 min 一块。

（2）若大模板需要塔吊配合安装，则模板吊装构件长度大于 2.5 m 时约为 10 min 一块，其余均按 6 min 一块安排。

（3）混凝土如采用 1.5 m^3 料斗浇筑，则剪力墙混凝土每次每斗约为 20 min，楼板混凝土每斗每次约为 10 min。

（4）剪力墙钢筋绑扎、楼板钢筋绑扎约为 20 m^2/（人·工日）。

（5）模板安拆约为 15 m^2/（人·工日）。

（6）水电预埋约为 50 m^2/（人·工日）。

（7）支撑搭设约为 100 m^2（标准层面积）/（人·工日）。

2. 各工序穿插节点

（1）在测量放线的同时可以进行准备支撑材料、吊装所需的辅材及设备等一些辅助工作。

（2）在外墙该层施工完成之后，可以将剪力墙柱的钢筋绑扎至梁底；如项目防护采用外挂架，则外墙该层施工完成之后可将外挂架提升一层。

（3）吊装内墙、叠合梁及内隔墙时，根据吊装顺序对整个作业面分区分段，在某个区域内的预制构件吊装完成之后，可以在这个区域内穿插钢筋绑扎、水电预埋、模板安装、支撑搭设等作业；如采用大模板作为竖向墙柱模板，则可将预制隔墙安装安排在竖向墙柱模板拆除完成之后吊装，且同时可以搭设支撑。

（4）叠合楼板上的水电预埋及钢筋绑扎也可根据吊装顺序分区分段穿插作业。

（5）叠合梁、叠合楼板支撑搭设应在该构件吊装前提前一个时间段搭设完成。

5.1.4 标准层施工进度计划

标准层进度计划的编制以×××公司实施的×××项目 10#楼为例。

1. 项目介绍

项目包含 11 栋 32～33 层住宅、1 栋 3 层幼儿园、6 栋 2～3 层商业，小区住宅为全装修集成住宅，面积为 242 843 m^2，总占地面积 90 559 m^2，总建筑面积 308 807.99 m^2，其中地上 266 184.99 m^2、地下 42 623 m^2。

2. 标准层介绍

10#楼为装配整体式框架-现浇剪力墙结构，占地面积 606.3 m^2，总建筑面积 18 020.24 m^2，层高 2.95 m，建筑层数 33 层，建筑高度 97.8 m；所含预制构件包括外挂墙板、内墙板、隔墙板、叠合梁、叠合阳台板、全预制空调板、预制楼梯。选用塔吊作为起重设备，模板选用大模板，外防护选用装配式建筑专用外挂式作业平台。

3. 项目实际工程情况

（1）吊装构件中外墙板数量为 30 块，叠合梁数量为 34 块，内墙板为 27 块，隔墙数量为 10 块，叠合楼板为 49 块，楼梯为 2 块。

（2）吊装大模板数量为 72 块。

（3）本项目临边防护采用的是外挂架，支撑体系采用的是独立三脚架支撑，模板采用的是大模板，混凝土浇筑采用的是竖向墙柱与水平梁板分次浇筑，考虑到采用的塔吊型号较大，每次所需浇筑混凝土量较小，且浇筑混凝土时无构件吊装工作，因此可以充分利用塔吊空闲时间吊运 1.5 m^3 料斗浇筑混凝土。

4. 标准层施工流程图

（1）根据上述说明编制标准层流程图，细化每个工作时间段的工作内容，优化施工顺序。

（2）装配式建筑施工以预制构件安装为关键工作，其余工作穿插进行，细化每个工作时

段的工作内容，优化施工顺序，用图表的形式绘制标准层的施工流程图，根据施工流程图向工厂提出 PC 构件需求计划，并组织现场施工。

（3）根据标准层施工流程图绘制三维工况图，再进一步细化每个工种每个工作时段的工作内容以及工作量，指导现场有序施工。

5. 人员清单

人员清单详情请见表 5.1-2。

表 5.1-2　人员清单

序号	操作工种	工种类型	人数
1	塔吊司机	特种工人	1
2	塔吊指挥员	特种工人	2
3	吊装工人	特种工人	8
4	施工员	管理人员	6
5	安全员	技术工人	1
6	电焊工	技术工人	2
7	测量员	技术工人	2
8	钢筋工	技术工人	8
9	水电工	技术工人	7
10	模板工	技术工人	8
11	砼工	技术工人	8
12	架子工	特种工人	6

6. 工况图

对标准层各分项工作工程量进行统计，参照人工工效确定分项工作的总工时，绘制各时段工况图内容：

第一天上午主要工作：工程现场测量放线，确定每块预制构件、现浇构件的边线及端线；测量标高，将每块预制构件底部垫块的布置位置及需要垫的高度标在楼面上；将吊装预制构件所需要的斜支撑、定位件、连接件、螺栓等预制构件安装用的辅材，以及电动扳手、人字梯、安全绳等吊装所要用到的工具转运到作业层。

第一天下午主要工作：1 ~ 14 号外墙挂板的吊装完成固定；楼梯间、电梯井等不影响预制构件安装的现浇构件钢筋绑扎工作，绑扎钢筋时注意，箍筋只绑扎至叠合梁底部，剩余部分的箍筋等叠合梁吊装完成之后再绑扎。

第一天晚上主要工作：15 ~ 24 号外墙挂板的吊装完成固定；部分剪力墙钢筋绑扎，且至少绑扎至叠合梁底标高。

第二天上午主要工作：25 ~ 30 号外墙挂板的吊装完成固定；31 ~ 40 号叠合梁吊装并控制好标高；部分剪力墙钢筋绑扎，且绑扎至叠合梁底标高。

第二天下午主要工作：41～52号叠合梁的吊装；53～59号内墙板的吊装完成固定；部分剪力墙钢筋绑扎，且绑扎至叠合梁底标高。

第二天晚上主要工作：剪力墙模板吊装及模板对拉；部分剪力墙钢筋绑扎，且绑扎至叠合梁底标高。

第三天上午主要工作：60～71号内墙板的吊装完成固定；部分剪力墙模板吊装。

第三天下午主要工作：72～76号内墙板的吊装完成固定；部分梁底支撑安装，77～88号叠合梁吊装施工；部分剪力墙模板吊装及模板对拉。

第三天晚上主要工作：剩余部分剪力墙模板吊装及模板对拉。

第四天上午主要工作：部分剪力墙模板加固。

第四天下午主要工作：剩余剪力墙模板加固。

第四天晚上主要工作：剪力墙混凝土浇筑及养护。

第五天上午主要工作：部分剪力墙模板拆模。

第五天下午主要工作：剩余剪力墙模板拆模；部分板底支撑搭设并进行标高复核。

第五天晚上主要工作：1～12号叠合楼板吊装，其中包括楼梯及歇台板和楼梯隔墙；同时，穿插部分叠合板底支撑搭设。

第六天上午主要工作：13～32号叠合楼板吊装，其中包括空调板；同时，穿插完成叠合板底支撑搭设；开始进行叠合板面钢筋及水电布置。

第六天下午主要工作：33～52号叠合楼板吊装，其中包括空调板；同时，穿插完成叠合板底支撑搭设，完成叠合板面钢筋及水电布置。

第六天晚上主要工作：楼面混凝土浇筑及养护。

5.2　项目进度控制主要内容及要点

5.2.1　影响装配式建筑项目进度的因素

设计因素：构件拆分设计不合理。

生产因素：构件不合格或破损。

施工因素：现场道路及场地规划设计不合理、现场堆场问题、现场吊装与工厂构件运输不协调、吊装施工组织不合理、吊装人员分工不明确、吊装施工操作难度加大、构件准备计划混乱、预制装配式建筑项目管理未安排专职PC管理员、由于甲方原因要求加快施工进度等。

相比传统施工方式，装配式建筑施工的最大区别在于构件的吊装以及由此产生的其他影响施工进度的因素，如构件设计、生产、运输等。上面已经列举出的11种装配式建筑施工过程中常见的影响施工进度的因素及其解决方法作为参考，还有许多其他的因素没有一一列举，如施工过程中的吊装安全事故、现场浇筑过程中的预制构件模板胀模等问题都会影响施工工期。因此，在装配式建筑项目施工过程中，为了能够保质保量地按时完成施工任务，所采取的措施基本可以归纳为以下三种类型：事前预防、事中跟踪以及事后补救。事前预防措施包

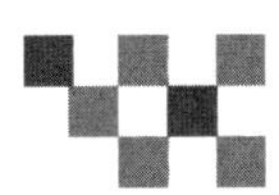

括合理的设计和规划、完善的安全保护措施、详细的施工组织措施和管理措施等。事中跟踪措施包括严格的生产质量把控、及时反馈现场和工厂的情况、严格按照施工顺序施工、严格按照安全生产制度进行生产等。事后补救措施包括缩短关键线路上的某些传统施工部分的工期、改变施工方法和施工工艺来加快施工进度等。影响施工进度的11种因素为：

5.2.2 设计进度控制要点

构件拆分设计是装配式建筑全寿命周期的开端，一旦拆分设计不合理，会导致施工难度增加，影响施工进度。

设计模数化、标准化，减少非标准构件和异型构件数量，便于现场安装。

设计一体化，构件设计时与各专业配合，提前做好预留预埋，减少后期开槽修补时间。

充分利用信息化技术进行设计，提高构件设计完整度与精确度，减少因设计错误导致的施工延误。

5.2.3 生产加工进度控制要点

由于PC生产厂家的产品质量参差不齐，且运输过程中缺乏成品保护措施或违规运输导致货物破损等，均会影响现场安装进度。

构件生产厂家需加强质量监督程序，或采用驻厂监理的形式，确保构件生产质量且在发生质量缺陷时能及时更换相同构件。

运输过程中采用运输防护架、木方、柔性垫片等成品保护措施。

应就近选择构件生产厂家，合理规划到施工现场的运输路线，评估路况，合理安排运输时间

1. 构件拆分设计不合理

构件拆分设计是装配式建筑全寿命周期的开端，一旦拆分设计不合理，会导致施工难度增加，影响施工进度。

处理方式：

（1）设计模数化、标准化，减少非标准构件和异型构件数量，便于现场安装。

（2）设计一体化，构件设计时与各专业配合，提前做好预留预埋，减少后期开槽修补时间。

（3）充分利用信息化技术进行设计，提高构件设计完整度与精确度，减少因设计错误导致的施工延误。

2. 构件不合格或破损

由于PC生产厂家的产品质量参差不齐，且运输过程中缺乏成品保护措施或违规运输导致货物破损等，均会影响现场安装进度。

处理方式：

（1）构件生产厂家需加强质量监督程序，或采用驻厂监理的形式，确保构件生产质量且在发生质量缺陷时能及时更换相同构件。

（2）运输过程中采用运输防护架、木方、柔性垫片等成品保护措施。

（3）就近选择构件生产厂家，合理规划到施工现场的运输路线，评估路况，合理安排运输时间。

（4）增加工厂内部监测流程，出厂检查、进场检查。

5.2.4　施工进度控制要点

1. 控制流程

（1）进度计划检查结果。

（2）分析进度偏差的影响并确定调整的对象和目标。

（3）选择适当的调整方法。

（4）编制调整方案。

（5）对调整方案进行评价和决策。

（6）进行调整。

（7）确定调整后付诸实施的新施工进度计划。

2. 控制方法

（1）关键工作的调整。

（2）改变某些工作间的逻辑关系。

（3）剩余工作重新编制进度计划。

（4）非关键工作调整。

（5）资源调整。

3. 控制要点

1）现场道路及场地规划设计不合理

现场道路及场地规划不合理，会造成运输车辆在场地内拥堵，影响卸车作业时间。

处理方式：

（1）道路应设计成环形道路，保证运输通畅，道路转弯半径应大于 15 m，道路宽度不小于 4.5 m，净高不小于 4.5 m。

（2）当道路和堆场位于地下室顶板上时应采取顶撑加固措施。

（3）道路和堆场的规划应考虑塔吊的覆盖半径。

2）现场堆场问题

堆场的设计不合理或不足会造成吊装施工延误。

处理方式：

（1）尽可能采用构件直接从车上吊至安装点，避免堆场区域的二次起吊对构件造成损害。

（2）当现场堆场不足，工期较紧时，可将挂车直接留在现场，直接从挂车上起吊安装，这样既解决了现场堆场不足的问题，又能够减少现场周转运输时间。

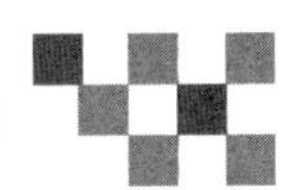

（3）构件堆场应做好成品保护措施，防止构件损坏。

（4）务必按照安装顺序和方位合理堆放构件，确保安装效率最大化，按先吊放最外侧、后吊放内侧的顺序依次摆放至堆架上，不得混淆。

（5）及时跟进进货计划，联系构件厂人员确认供货的楼层、批次、时间及地点，进货堆场做到与现场施工有序错开，做到精细化管理。

3）现场吊装与工厂构件运输不协调

现场吊装顺序与工厂配送顺序不一致，导致现场构件吊装中断或间隔式吊装，影响吊装进度。

处理方式：

（1）在施工策划阶段，根据流水施工段、工艺节点编制合理的吊装顺序。

（2）现场施工吊装顺序与工厂生产对接，由工厂编制合理的生产、装车运输顺序，并与项目施工管理部核对。

（3）施工现场周、天、半天 PC 需求计划调整应与 PC 生产工厂及时协调，保证运输车辆准确及时。

4）吊装施工组织不合理

吊装施工程序错乱，现场吊装施工混乱，施工前未做详细的工艺技术交底导致吊装施工组织混乱，影响构件安装进度。

处理方式：

（1）每个构件安装应按挂钩→起吊→吊运→落位→校正→固定→取钩程序一次成型。

（2）对操作人员进行吊装工艺培训，现场做好班前技术交底，确保每个吊装施工班组对构件安装工艺节点清楚明了。

5）吊装人员分工不明确

未根据吊装操作步骤，合理安排各步骤人员，工人操作扎堆或人员不足，影响施工进度，易造成安全隐患。

处理方式：挂钩 1 人，吊运指挥 2 人，扶板落位 2 人，安装支撑 2 人，调整位置由扶板落位的 2 人负责完成，取钩由安装支撑的 2 人负责完成，连接件安装 1 人，总共 11 人。

6）吊装施工操作难度加大

钢筋、模板工序提前进入，影响现场吊装施工。比如外墙板吊装前，外剪力墙钢筋已经绑扎，由于钢筋的阻隔，斜支撑、连接件无法安装，从而影响施工进度。

处理方式：

（1）竖向构件施工开始前，根据各个工序的操作步骤，合理安排施工工序。一般情况下，同一工作面内，吊装作为第一道工序，等吊装完成后，方可进行下一道工序。

（2）水平构件施工开始前，应根据吊装顺序提前完成支撑搭设的一部分。

7）构件准备计划混乱

现场未与工厂有效沟通协调，或者收货安排停放位置不正确，导致出现无构件可吊装，或构件堆积太多，影响现场施工。

处理方式：

（1）现场需求计划应和工厂及时沟通，每天反馈现场安装进度，报备需求计划，根据每天完成情况制订“3+1”滚动计划表。（“3+1”滚动计划是指当天提交未来 3 天的预计要货计划，其中：次日为准确的要求计划，确定后不能变动；其他 2 日为预计要货计划。预计要货计划的调整原则为只可减少或等于，不能增加。）

（2）构件发货到现场，完成验收后，指挥挂车停放在相应位置。

8）预制装配式建筑项目管理未安排专职 PC 管理员

未配备专职管理人员负责专项工作，一人身兼数职，管理人员管理不到位，且现场不具备大量储备构件的场地，每栋建筑施工进度不同，构件需求计划也不同，造成现场施工组织混乱。

处理方式：根据企业自身管理体系及建筑体量，设置管理岗位，配备专业管理人员。与传统工程相比，预制装配式建筑应当针对计划-调度配备专职管理人员，该岗位强调计划性，按照计划与 PC 工厂衔接，对现场作业进行调度。

9）由于甲方原因要求加快施工进度

由于 PC 构件的吊装时间基本是固定的，并且为了避免吊车碰撞以及吊装顺序的错误，一般针对一个标准层只能够采用一台塔吊进行吊装作业。因此当甲方提出要赶工期时，施工方往往手足无措。

处理方式：

（1）不同施工段的流水安排及不同工序之间的合理穿插可加快单层 PC 吊装进度，不同工序穿插时应满足流水节拍相等或成倍数关系，工序穿插时应有足够工作面便于施工，关键工序的进度控制是所有工序进度控制的重点。

（2）当关键线路为：楼层放线→PC 墙体吊装→现浇节点钢筋绑扎→现浇节点模板→PC 阳台板吊装→顶板钢筋绑扎→墙板混凝土浇筑。可通过在传统施工部分增加工时的方法来加快施工进度。

（3）关键线路中不包含传统施工部分，以 PC 吊装和必要的技术间歇为主时，则只能通过夜间照明吊装或者采用早强型混凝土以及加热养护等措施来达到赶工期的目的。

5.3 进度保障主要措施

5.3.1 设计进度保障措施

1. 优化设计方案

（1）户型平面、外立面优化建议。

（2）建筑三维模型分析、预制构件优化。

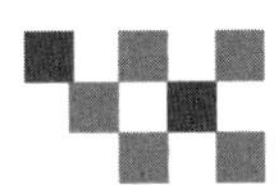

（3）结构布置优化、结构模型分析。

2. 组织优秀专业团队

根据项目特点及要求，选派同类工程设计经验丰富、业绩突出的二级注册结构工程师及以上、高级工程师担任本项目的设计负责人。

3. 可靠的硬件设施（专业软件）

装配式建筑采用建筑信息化模型（BIM）技术，实现全专业与全过程的信息化管理。

4. 强有力的后勤保障措施（技术优势）

建立以项目技术负责人为首的技术保障和技术决策体系，建立项目技术负责人岗位负责制，充分发挥技术人员优势，对技术难题成立技术攻关小组，确保各种技术方案和技术措施可靠，从而保证整个工程的顺利进行。

5.3.2　生产加工进度保障措施

1. 人力、物力、财力有力保障

生产单位按照供货计划要求安排订单的生产计划，并依据生产计划确定相应人员、模具、原材料供应计划，确定生产周期、单位时间生产量，保证按时按量供货。

2. 组织保证措施

生产加工单位需要紧密联系设计、施工单位，及时获取设计变更信息，调整模具预埋，同时掌握现场施工进度，及时安排生产计划，既为满足现场施工需求，也是减轻自身库存压力。供货期间，及时跟进现场施工进度，合理安排生产进度，稳定产品出货质量，确保构件供应，问题构件及时处理变更。项目供货完成后，积极处理项目意见反馈，配合项目部完成竣工验收工作。

3. 技术保障措施

（1）生产前设计人员将组织生产部门对图纸进行学习和技术交底。

（2）制定切实可行的技术工艺标准，做好基层人员的培训工作，充分做好各项技术准备工作。

（3）配合组织协调产品供应计划，按月、旬、周落实施工实际进度，从而调整月、旬、周产品供应计划。

（4）技术人员将做好质量监督工作，严格按照图纸生产，确保构件产品稳定可靠。

5.3.3　施工进度保障措施

1. 组织保证措施

（1）以图表等形式列出项目管理组织机构图并说明项目管理模式、项目管理人员配备及职责分工、项目劳务队安排。

（2）概述工程施工区段的划分、施工顺序、施工任务划分、主要施工技术措施等。

（3）在施工部署中应明确装配式工程的总体施工流程、预制构件生产运输流程、标准层施工流程等工作部署，充分考虑现浇结构施工与PC构件吊装作业的交叉，明确两者工序穿插顺序，明确作业界面划分。

（4）在施工部署过程中还应综合考虑构件数量、吊重、工期等因素，明确起重设备和主要施工方法，尽可能做到区段流水作业，提高工效。

2. 进度计划管理措施

（1）根据工程工期要求，说明总工期安排、节点工期要求，编制出施工总进度计划、单位工程施工进度计划及阶段进度计划（标准层进度计划），并具体阐述各级进度计划的保证措施。

（2）装配式建筑施工进度计划应综合考虑PC构件深化设计及生产运输所需时间，制订构件生产供应计划、预制构件吊装计划。

3. 信息管理措施

（1）每周将计划进度与实际进度的动态进行比较，向建设单位提供比较报告。对动态比较的结果进行分析，找出进度偏差原因，进行进度动态调整。

（2）设计变更、技术核定等一经提出，必须及时通知相关技术人员和施工班组，避免事后返工。

4. 资源保证措施

（1）施工项目劳动力组织管理是项目经理部把参加施工项目生产活动的人员作为生产要素，对其所进行的劳动、劳动计划的组织、控制、协调、教育、激励等项工作的总称。其核心是按照施工项目的特点和目标要求，合理地组织、高效率地使用和管理劳动力，并按项目进度的需要不断调整劳动量、劳动力组织及劳动协作关系。

（2）机械设备、人力、材料及资金等各种资源，必须按照施工进度计划的安排提前做好各自的计划，做到既满足工程需要又不产生浪费。资金实行专款专用，给工程施工提供一个良好的资金环境。

（3）材料计划在编制时，应充分考虑其进场时间、数量。同时还必须保证材料质量，避免进场材料因不合格而耽误工程顺利进行。

（4）机械设备不仅要保证按计划的工期进场，同时应考虑机械设备的性能、生产能力，所有进场的机械设备必须事先做好检查、调试，保证其处于完好状态。在使用过程中应加强对机械设备的保养，避免因机械设备损坏、不能正常工作而耽误施工进度。

5. 技术保证措施

（1）根据施工组织与部署中所采取的技术方案，对本工程的施工技术作相应的叙述，并叙述施工技术的组织措施及其实施、检查改进、实施责任划分。

（2）装配式建筑施工组织设计技术方案除包含传统基础施工、现浇结构施工等施工方案外，还应对 PC 构件生产方案、运输方案（顶板加固）、堆放方案、吊装方案、外防护方案等进行详细说明。

第6章 工程施工关键技术

6.1 叠合板支撑体系

装配式建筑施工时，根据现场层高情况常采用工具式快捷架作为装配式水平预制构件脚手架支撑体系，它通常包含承插型盘扣式脚手架、碗扣式脚手架、直插型盘扣式脚手架、铝模板点支撑或免支撑体系。与现浇结构施工中常用的扣件式钢管满堂脚手架相比，快捷架租赁费用相对增高，支撑布置间隙有所增大，安拆便捷性有所提高，住宅中常用碗扣式或直插型盘扣式脚手架+配套顶托+工字梁作为支撑体系。

6.1.1 扣件式钢管支撑体系

扣件式钢管支撑体系需满足现行《建筑施工扣件式钢管脚手架安全技术规程》JGJ 130的相关规定，如图6.1-1所示。

图6.1-1 扣件式钢管脚手架

1. 布置原则

（1）根据图纸编制扣件式支撑施工方案，并进行施工技术交底。

（2）根据施工现场实际情况对架体间距及承载力进行计算。

（3）先搭设梁部立杆，后搭平板立杆。

（4）立杆设立纵向、横向间距均不得大于1200 mm，扫地杆离地不大于200 mm，上部间距不得大于1.5 m/道。

（5）支撑架上部调节部分采用U形托，U形托与楞梁两侧间如有间隙，必须揳紧，其螺杆伸出钢管的立柱顶端应沿纵横向设置一道水平杆，自由高度不得大于500 mm。

（6）搭设完毕后安装可调顶托，可调顶托插入立杆不得少于150 mm，伸出长度不宜超过300 mm。

（7）梁底需要单独加支撑，间距不超过1000 mm，且需与水平横杆同步距拉结。

（8）紧固件均须备齐，所有紧固件必须扣紧，不得有松动，梁承重架横杆下须加双扣件。

2. 施工工艺流程

钢管扣件式支撑体系施工工艺流程为：

（1）定位放线，模板就位，立杆定位。

（2）钢管架立：在搭设架体时如遇到楼面不平，导致钢管安装不紧密时，可用木垫块调平；钢管与钢管连接时采用扣件固定。

（3）钢管与管连接：横向钢管与竖向钢管用扣件紧密连接。

（4）安装顶托：顶托放置在钢管上时，统一调节好标高。

（5）调平：检查支撑钢管标高是否符合允许偏差，将顶杆调至低于靠尺5 mm的平面；靠尺以内承重墙上端平面为准。

（6）第一层吊装：检查顶托上钢管标高是否统一。

（7）下一层吊装：拆除一层扫地杆及横向钢管。

（8）第三层吊装：拆除第一层横向钢管及竖向钢管。

在装配式建筑施工前，应根据项目的工程概况实际情况以及周边市面上支撑材料的种类，选择合适、经济及便捷的支撑体系。

6.1.2 承插型轮扣式脚手架

承插型轮扣式脚手架需满足现行中国建筑业协会团体标准《建筑施工承插型轮扣式模板支架安全技术规程》T/CCIAT 0003—2019的相关规定，如图6.1-2所示。

图6.1-2 承插型轮扣式钢管脚手架

1. 布置原则

（1）针对承插型轮扣式支撑进行施工安全、技术交底。

（2）项目部组织现场管理人员和施工工人认真学习施工图纸和《建筑施工承插型轮扣式模板支架安全技术规程》T/CCIAT 0003—2019。

（3）根据施工现场实际情况对架体间距及承载力进行计算。

（4）通过放线确定立杆定位点，脚手架搭设前由项目部绘制详细的脚手架布置图，现场按照排布图放线。

（5）再搭设纵向扫地杆，依次向两边竖立立杆，进行固定。每边竖起 3 ~ 4 根立杆，搭设纵向水平杆和横向水平杆，并校正敲紧。

（6）搭设完毕后安装支撑头。后期安装顶部横杆及加强横杆，调平。

（7）搭设完毕后安装可调顶托，可调顶托插入立杆不得少于 150 mm。

（8）立杆距剪力墙端不宜小于 500 mm，且不宜大于 800 mm；距预制墙端间距可适当调节，但不应小于 200 mm。

2. 施工工艺流程

承插型轮扣式支撑体系施工工艺流程为：

（1）模板就位，立杆定位，在墙上放出 1 m 标高线，根据平面布置确定位置点及尺寸定位放线，且保证现场操作空间。

（2）搭设立杆及横杆：在搭设架体时如遇到棱面不平，导致横杆安装不紧密时，可用塑料垫块调平，搭设一榀简易框架。

（3）整体支撑搭设：以一榀支撑架为基础，向两侧延伸直至满堂。

（4）安装便托：杆顶放置可调顶杆，并用靠尺进行调平（粗平）。

（5）调平：顶托上横杆可以是单向双排钢管或木方，布置方向应垂直于叠合楼板的底部受力钢筋；立杆顶端放置可调顶杆，并用靠尺进行调平（精平）。

（6）拆除通道横杆：楼板吊装以后，拆除有碍于施工过道的扫地杆。

（7）拆除扫地杆：楼板现浇完成以后，拆除所有扫地杆。

（8）拆除第二道横杆：板拆除时，拆除影响模板搬运的第二道横杆。

（9）第三层架体搭设：第三层架体搭设前，拆除第一层第二道水平杆。

（10）第四层架体搭设：第四层架体搭设前，拆除第一层支撑。

6.1.3 盘扣式支撑体系

盘扣式支撑体系需满足现行《建筑施工承插型盘扣式钢管脚手架安全技术标准》JGJ 231 的相关规定，如图 6.1-3 所示。

图 6.1-3　承插型盘扣式脚手架

1. 布置原则

（1）针对盘扣式支撑进行施工安全、技术交底。

（2）项目部组织现场管理人员和施工工人认真学习施工图纸和《建筑施工承插型盘扣式钢管脚手架安全技术标准》JGJ 231。

（3）通过放线确定立杆定位点，再放置纵向扫地杆，依次向两边竖立立杆，并进行固定。

（4）根据施工现场实际情况对架体间距及承载力进行计算。

（5）立杆底端应支承于坚实基面上，搭设完一榀架体后，应检查搭设架体扣接是否紧固；搭设完整体支撑后，应进行立杆垂直度和标高检查。

（6）搭设完毕后，安装可调顶托，可调顶托插入立杆不得少于 150 mm。

（7）立杆距剪力墙边宜不小于 500 mm，且不宜大于 800 mm；距预制墙端间距可适当调节，但不应小于 200 mm。

2. 施工工艺流程

盘扣式支撑体系施工工艺流程为：

（1）搭设边立杆：通过放线确定立杆定位点，然后计算确定立杆间距；内墙板面应放出 1 m 标高线，方便后期标高复核。

（2）扫地杆搭设：搭设扫地杆时应通过计算来确定尺寸；立杆搭设时宜由 2 个人操作，方便杆件固定。

（3）上部横杆搭设：盘扣扣接时，杆件应紧固，防止松动。

（4）整体杆件搭设：架体搭设完成后应检查横杆是否稳固，立杆垂直度偏差是否符合要求；横杆间距应根据计算确定，间距不宜过大。

（5）安装顶托：顶托安装时应统一标高放置在立杆上。

（6）调平：检查支撑立杆标高是否符合允许偏差，将顶杆调至低于靠尺 5 mm 的平面上；靠尺以内承重墙上端平面为准。

（7）拆除通道扫地杆：楼板吊装完成后，过道扫地杆可以拆除，方便人员行走及材料搬运。

（8）拆除一层横杆：拆除一层全部横杆，拆除二层所有扫地杆，搭设三层杆件；上下层立杆应对准，在同一垂直受力点上。

（9）拆除一层杆件：第四层架体搭设前，可拆除第一层板底支撑；第二层横杆可以拆除；第三层扫地杆可以拆除。

6.1.4 三脚独立式支撑体系

三脚独立式支撑体系适用于大体量叠合板下部支撑架，可根据工程实际情况选择。该类架体具有安拆便捷、周转利用率高的优点，如图 6.1-4 所示。

图 6.1-4 三角独立式支撑体系

1. 布置原则

（1）工字木长端距墙边不小于 300 mm，侧边距墙边不大于 700 mm。

（2）独立立杆距墙边不小于 300 mm，不大于 800 mm。

（3）独立立杆间距应小于 1.8 m，当同一根工字木下两根立杆间距大于 1.8 m 时，需在中间位置再加一根立杆，中间位置的立杆可以不带三脚架；工字木方向需与预应力钢筋（桁架钢筋）方向垂直。

（4）工字木端头搭接长度不小于 300 mm。

（5）独立支撑体系只适用于室内叠合楼板支撑，不适应于悬挑构件如空调板、外阳台、楼梯休息平台等处。

2. 施工工艺流程

三脚独立式支撑体系施工工艺流程为：

（1）定位放线：在墙上放出 1 m 标高线，根据独立式三脚架平面布置确定位置点及尺寸定位放线，且保证现场操作空间。

（2）安装边立杆：根据放线位置点，搭设立杆及顶托，操作宜由 2 个工人配合进行，并调节好基本标高；独立式三脚架材料应提前运至现场，堆放在相应位置。

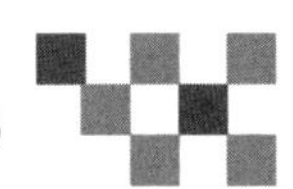

（3）安装三脚架：立杆及三脚架搭设完毕后，其他架体也要进行搭设，尽量减少单个架体搁置时间，避免材料搬运时碰倒支撑架。

（4）边立杆完成安装：搭设施工时应注意标高调节；搭设方向应沿楼板面长边垂直布置。

（5）安装工字梁：工字木端头搭接长度不少于 300 mm；搭设完工字木，架体整体稳定后，应进行标高复核，立杆垂直度偏差应符合规范规定。

（6）安装中立杆：工字木跨度超过 2400 mm 时，工字木中间位置应设置立杆支撑（不带三脚架）。

（7）独立三脚架调平：架体的高差偏差允许值应符合要求。

（8）拆除：当上层叠合楼板及现浇层浇筑完毕，达到规定强度时，下层架体三脚架可拆除。完成至第三层施工后，第一层工字木中间（不带三脚架）立杆可拆除，且可拆除第二层三脚架。当完成至第四层施工后，第一层独立式支撑整体支架都可拆除，第二层工字木中间立杆可拆除，第三层三脚架也可拆除。

三脚独立式支撑体系有如下优点：在工艺方面，定位放线施工工序操作简单，分布位置准确，保证施工的连续性；相较传统施工，其架体搭设时杆件较少，保证了施工快捷性；独立式三脚架整体编制简单，在人工、材料、工期等方面都有利于加快施工进度。

6.1.5　快捷架选择注意要点

选用快捷架作为脚手架支撑体系时，应注意如下技术复核要点：

（1）选用架体前，应与租赁厂家详细研讨，结合层高、梁高、结构变坡等因素选定快捷架架体组合方案。快捷架类架体具备安拆便捷、施工效率高、承载力好等优点，但也存在布置不灵活，受层高、异型结构影响较大的不足，故在选定支撑架体方案时应注意架体适用性的技术复核。若现场因客观原因不宜采用快捷架，宜选用可灵活布置的扣件式钢管脚手架。

（2）快捷架类架体进场时，应根据产品标准复核进行架体构配件的生产加工质量，以避免因架体产品生产误差较大，造成架体无法搭设（特别是承插型盘扣式类架体）。

（3）快捷架类架体均为标准化搭设，其对搭设地面的平整度要求较高，应在施工搭设前注意复核地面平整度。

（4）快捷架类架体存在布置不灵活的不足，选定方案前，应根据现场实际情况进行架体平面布置设计。

6.1.6　铝模点支撑及少（免）支撑体系

选用铝模+PC 装配式叠合板施工组合形式（图 6.1-5）后，可根据工程设计情况，取消铝模楼板、调整铝模龙骨及连接板间距，并根据叠合板设计结构性能，适当调整底部点撑间距，做到少支撑或免支撑。

图 6.1-5 铝模+PC 叠合板组合施工体系

1. 铝模体系介绍

模板系统：形成结构混凝土浇筑施工的封闭面，保证混凝土结构浇筑成型。

支撑系统：在铝模体系中起到支撑作用，包括竖向支撑及斜撑，承受楼板面传递的竖向荷载及墙面传递的水平荷载。

紧固系统：提高铝模整体稳定性，保证铝模板、结构尺寸在浇筑混凝土过程中不产生变形、胀模等现象。

附加件系统：连接各个构配件，保证铝模系统的整体性。

铝模构件组成如图 6.1-6 所示。

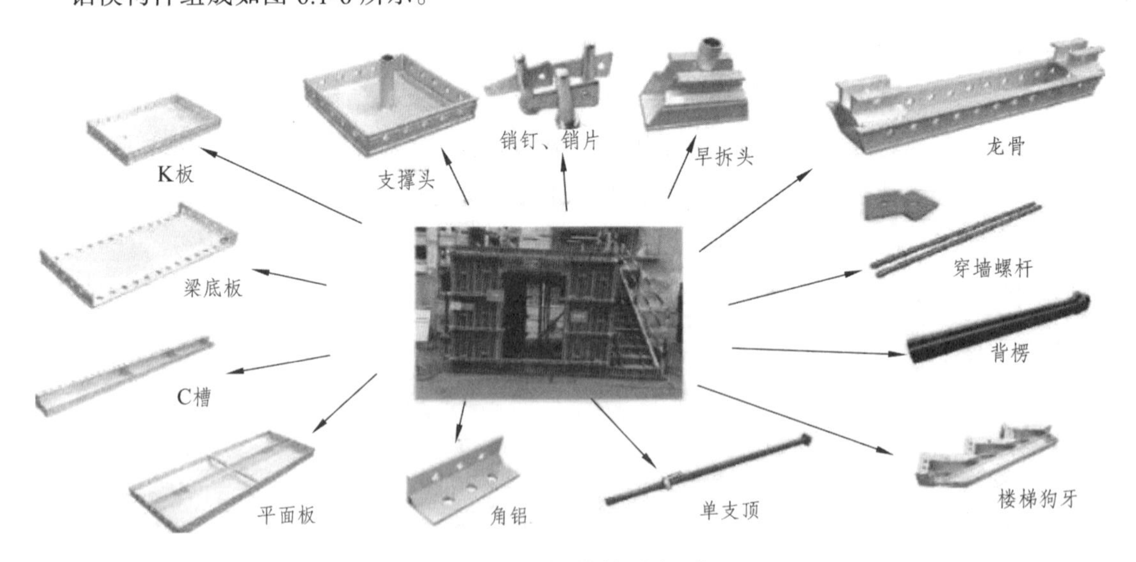

图 6.1-6 铝模构件组成

2. 布置原则

（1）支撑系统一般布置三层，与普通钢管满堂支架相同，其原则应保证现浇层混凝土强度达到规范的拆模强度。

（2）独立钢支撑依据以下原则布置：独立钢支撑沿支撑横梁的间距依据上部荷载和横梁刚度计算确定，一般不超过 2 m。

（3）支撑横梁间距由叠合板自身刚度控制，一般不超过 1.8 m，若叠合板自身刚度充分，可通过计算确定采用免支撑形式。

（4）支撑横梁距叠合板两侧支座（叠合板以横梁为临时支座悬挑）距离不超过 0.5 m，支撑横梁搁置方向与叠合板格构筋方向垂直。

（5）支撑体系及叠合板受力均应详细计算，经设计单位确认及施工方案审批通过后方可实施。

6.2　外脚手架设计

外脚手架包含但不限于如下方案：

6.2.1　落地式脚手架

（1）立杆布置需避开预制空调板位置，避免立杆不能贯穿。

（2）采用预制叠合板时，需考虑拉结点布置方式，避免与预制外墙板相撞。

6.2.2　悬挑工字钢脚手架

（1）预制构件深化设计前，应确定外墙预留洞口及预埋板位置、尺寸，预留洞口要避开灌浆套筒、机电手孔、现浇结构与预制构件交接位置等。

（2）悬挑工字钢锚固长度不能满足要求时，需设置斜撑加固，斜撑下端与结构采用埋板、膨胀螺栓等方式固定，上端与工字钢焊接。

（3）采用预制叠合板时采用预埋 U 形环，置于叠合板上，增设加强筋，混凝土浇筑完成达到要求强度后，拆除叠合板底模并采用楼板钻孔插入 U 形环加固。

施工电梯防护架宜单独支设。

6.2.3　螺栓悬挑脚手架

螺栓悬挑脚手架适用于水平构件叠合时，实施前应与设计单位确定，其抗剪及抗扭强度是否满足结构设计要求。

6.2.4　外挂架

当存在预制混凝土外墙板时，可选择外挂架作为外墙操作架，同时作为临边防护，并根据施工进度需求，对外挂架进行逐层周转。当采用外挂架时应结合当地政策组织专家论证后使用。

6.3　施工组织及结构施工流程

为确保装配式建筑的顺利实施，预制构件吊装前，应编制专项施工组织方案。其具体内容包含预制构件的吊装顺序确定、预制构件生产计划确定、预制构件供货计划确定等。

6.3.1　构件吊装顺序

根据吊装工艺的不同，不同种类预制构件吊装顺序应遵循如下原则确定：

（1）叠合板应先吊外围，后吊内部；先吊楼梯及通道口，后吊其余部位。在策划吊装顺序时，应将大小相同或相近的预制构件相邻排布，便于装车、堆码及运输，建议形成构件装车计划，构件按完整区域分批进场，便于组织相关工序的合理流水穿插。

（2）叠合梁应遵循梁高先吊、梁低后吊，主梁先吊、次梁后吊，锚固钢筋向下的先吊、锚固钢筋在上的后吊的原则。

（3）墙板类预制构件应遵循按顺序依次吊装原则，应先吊外墙板，后吊内墙板。

6.3.2　构件生产计划

预制构件生产计划应根据项目施工进度情况，提前 30 d 进行生产，注意生产计划及预制构件装车计划应尽量与构件吊装顺序相匹配，便于后期堆码及装车工作。

6.3.3　构件供货计划

预制构件供货应提前 3 d 向预制构件厂发出供货通知，预制构件供货及预制构件装车顺序应与吊装顺序相匹配，以满足吊装和施工组织要求。

6.4　主要预制构件安装技术要点

6.4.1　预制构件进场

（1）混凝土预制构件出厂时，验收其产品合格证且外观质量应符合表 6.4-1 的要求。

表 6.4-1　构件外观质量要求及检验方法

项次	项目	质量要求	检查方法
1	露筋	不应有	目测
2	蜂窝	不应有	目测
3	外表缺陷	不应有	目测

（2）混凝土预制构件的尺寸偏差及检查办法应符合表 6.4-2 的要求，尺寸偏差超出允许范围的构件未经整改不得出厂；进场验收也应符合表 6.4-2 的要求。特别注意：预制构件相关伸出钢筋定位应满足后续现浇钢筋绑扎需求，钢筋空间关系应与深化设计详图一致。

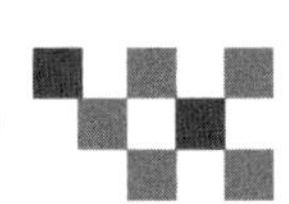

表 6.4-2 验收项目及检验方法

<table>
<tr><th colspan="3">项目</th><th>允许偏差/mm</th><th>检测方法</th></tr>
<tr><td rowspan="3">长度</td><td rowspan="2">板、梁、柱、桁架</td><td>≤6 m</td><td>±4</td><td rowspan="3">尺量</td></tr>
<tr><td>>6 m且≤12 m</td><td>±5</td></tr>
<tr><td colspan="2">墙板</td><td>±4</td></tr>
<tr><td rowspan="2">宽度、高（厚）度</td><td colspan="2">板、梁、柱、桁架</td><td>±5</td><td rowspan="2">尺量一端及中部，取其中偏差绝对值较大处</td></tr>
<tr><td colspan="2">墙板</td><td>±4</td></tr>
<tr><td rowspan="2">表面平整度</td><td colspan="2">板、梁、柱、墙板内表面</td><td>4</td><td rowspan="2">2 m靠尺和塞尺量</td></tr>
<tr><td colspan="2">墙板外表面</td><td>3</td></tr>
<tr><td rowspan="2">侧向弯曲</td><td colspan="2">楼板、梁、柱</td><td>L/75且≤20</td><td rowspan="2">拉线，直尺量测侧向弯曲最大处</td></tr>
<tr><td colspan="2">墙板、桁架</td><td>L/1000且≤20</td></tr>
<tr><td rowspan="2">翘曲</td><td colspan="2">楼板</td><td>L/750</td><td rowspan="2">调平尺在两端量</td></tr>
<tr><td colspan="2">墙板</td><td>L/1000</td></tr>
<tr><td rowspan="2">对角线差</td><td colspan="2">楼板</td><td>6</td><td rowspan="2">尺量两个对角线</td></tr>
<tr><td colspan="2">墙板</td><td>5</td></tr>
<tr><td rowspan="2">预留孔</td><td colspan="2">中心线位置</td><td>5</td><td rowspan="2">尺量</td></tr>
<tr><td colspan="2">孔尺寸</td><td>±5</td></tr>
<tr><td rowspan="6">预埋件</td><td colspan="2">预埋板中心线位置</td><td>5</td><td rowspan="6">尺量</td></tr>
<tr><td colspan="2">预埋板与混凝土面平面高差</td><td>0，-5</td></tr>
<tr><td colspan="2">预埋螺栓中心线位置</td><td>2</td></tr>
<tr><td colspan="2">预埋螺栓外露长度</td><td>±10，-5</td></tr>
<tr><td colspan="2">预埋套筒、螺母中心线位置</td><td>2</td></tr>
<tr><td colspan="2">预埋套筒、螺母与混凝土面平面高差</td><td>0，-5</td></tr>
<tr><td rowspan="2">预留插筋</td><td colspan="2">中心线位置</td><td>3</td><td rowspan="2">尺量</td></tr>
<tr><td colspan="2">外露长度</td><td>±5</td></tr>
<tr><td rowspan="2">键槽</td><td colspan="2">中心线位置</td><td>5</td><td rowspan="2">尺量</td></tr>
<tr><td colspan="2">长度、宽度、深度</td><td>±5</td></tr>
</table>

备注：表格中 L 为模具与混凝土接触面中最长边的尺寸。

6.4.2 预制剪力墙安装

（1）承重墙板吊装准备：由于吊装作业需要连续进行，所以吊装前的准备工作非常重要。在吊装就位之前将所有柱、墙的位置在地面弹好墨线；根据后置埋件布置图提前填埋安装预制构件定位卡具，进行复核检查，同时对吊装设备进行质量和安全检查，并在空载状态下对

吊臂角度、负载能力、吊绳等进行复核；对吊装困难的部件进行空载实际演练，将导链、斜撑杆、膨胀螺栓、扳手、2 m靠尺、开孔电钻、镜子、橡胶止水条等工具准备齐全，操作人员对操作工具进行清点；检查预制构件预留灌浆套筒是否有缺陷、杂物和油污，保证灌浆套筒完好，提前架好经纬仪、激光水准仪并调平；填写施工准备情况登记表，施工现场负责人检查核对签字后方可开始吊装。

（2）起吊预制墙板：吊装时宜采用扁担式吊装设备或按设计图纸要求选用吊装设备，加设缆风绳。

（3）顺着吊装前所弹墨线缓缓下放墙板，在吊装经过的区域下方设置警戒区，施工人员应撤离，由信号工指挥。就位时待构件下降至作业面 1 m 左右高度时施工人员方可靠近操作，用镜子查看套筒与预留钢筋位置是否对正，以保证操作人员的安全。预制墙板下提前放置标准垫块，保证水平缝高度且便于后期调整垂直度。

（4）墙板底部局部套筒若未对准时可使用捯链手动微调墙板，重新对孔。底部没有灌浆套筒的预制墙板直接顺着角码缓缓放下。垫板造成的空隙可用坐浆方式填补。对于预制夹心保温墙板等外墙板构件，为防止坐浆料填充到外叶板之间，在苯板处补充 50 mm×20 mm 的保温板（或橡胶止水条）堵塞缝隙。

（5）垂直坐落在准确的位置后使用激光水准仪复核水平方向是否有误差，无误差后，利用预制墙板上的预埋螺栓安装斜支撑杆，用检测尺检测预制墙体的垂直度及复测墙顶标高后，利用斜撑杆调节好墙体的垂直度，方可松开吊钩（注：在调节斜撑杆时必须由两名工人同时间、同方向进行操作）。

（6）斜撑杆调节完毕后，再次校核墙体的水平位置和标高、垂直度，相邻墙体的平整度。检查工具：经纬仪、水准仪、靠尺、水平尺（或软管）、铅锤、拉线。

（7）预制剪力墙钢筋竖向接头连接采用套筒灌浆连接，具体要求如下：

① 灌浆前应制定灌浆操作的专项质量保证措施。

② 应按产品使用要求计量灌浆料和水的用量并搅拌均匀，灌浆料拌合物的流动度应满足现行国家相关标准和设计要求。

③ 将预制墙板底的灌浆连接腔用高强度水泥基坐浆料进行密封（防止灌浆前异物进入腔内）；墙板底部采用坐浆料封边，形成密封灌浆腔，保证在最大灌浆压力（1 MPa）下密封有效。

④ 灌浆料拌合物应在制备后 0.5 h 内用完；灌浆作业应采取压浆法从下口灌注，有浆料从上口溢出时应及时封闭，宜采用专用堵头封闭，封闭后灌浆料不应有任何外漏。

⑤ 灌浆施工时宜控制环境温度，必要时，应对连接处采取保温加热措施。

⑥ 同条件养护试件抗压强度达到 35 N/mm^2 前，构件和灌浆连接接头不应受到振动或冲击。

预制剪力墙吊装施工流程如图 6.4-1 所示。

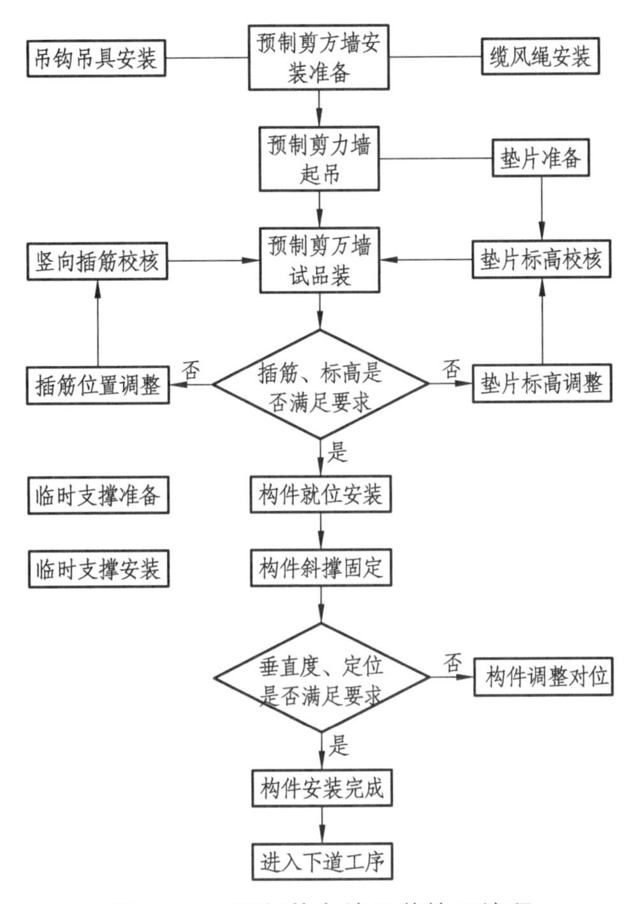

图 6.4-1　预制剪力墙吊装施工流程

6.4.3　预制柱安装

（1）根据预制柱平面各轴的控制线和柱框线校核预埋套管位置的偏移情况，并做好记录。若预制柱有小距离的偏移，需借助协助就位设备进行调整。

（2）检查预制柱进场的尺寸、规格，混凝土的强度是否符合设计和规范要求，检查柱上预留套管及预留钢筋是否满足图纸要求，套管内是否有杂物。同时，做好记录，并与现场预留套管的检查记录进行核对，合格后方可进行吊装。

（3）吊装前在柱四角放置金属垫块或橡胶垫块（内附钢板），以利于预制柱的垂直度校正。按照设计标高，结合柱子长度对偏差进行确认。用经纬仪控制垂直度，若有少许偏差可运用千斤顶等进行调整。

（4）柱初步就位时应将预制柱钢筋与下层预制柱的预留钢筋试对，无问题后准备进行固定。

（5）预制柱接头连接采用套筒灌浆连接技术。

① 柱脚四周采用坐浆料封边，形成密闭灌浆腔，保证在最大灌浆压力（约 1 MPa）下密封有效。

② 如所有连接接头的灌浆口都未被封堵，则当灌浆口漏出浆液时，立即用胶塞封堵牢固；如溢浆孔事先封堵胶塞，则摘除其上的封堵胶塞，直至所有灌浆孔都溢出浆液并已封堵后，

等待溢浆孔出浆。

③ 一个灌浆单元只能从一个灌浆口注入，不得同时从多个灌浆口注浆。

预制框架柱吊装施工流程如图 6.4-2 所示。

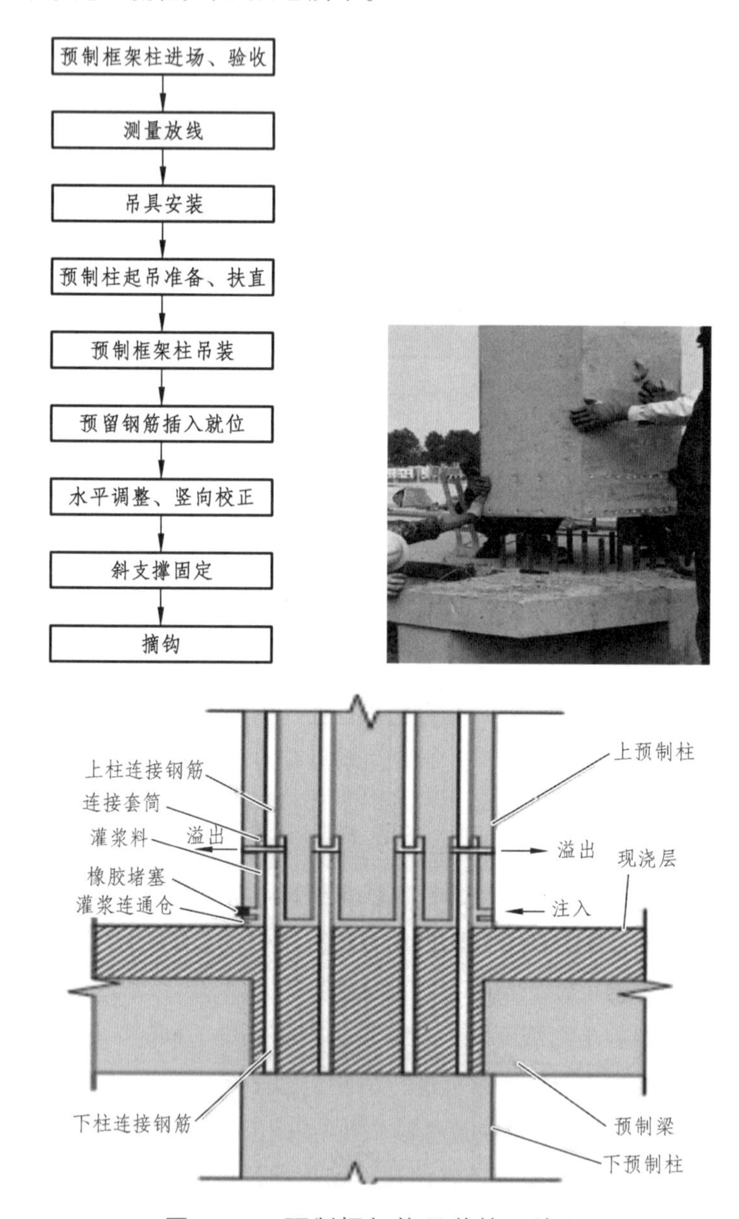

图 6.4-2　预制框架柱吊装施工流程

6.4.4　预制叠合板安装

（1）进场验收：

① 进场验收主要检查资料及外观质量，防止在运输过程中发生损坏现象，验收应满足现行施工及验收规范的要求。

② 预制板进入工地现场，堆放场地应夯实平整，并应防止地面不均匀下沉。预制带肋底

板应按照不同型号、规格分类堆放。预制带肋底板应采用板肋朝上叠放的堆放方式，严禁倒置，各层预制带肋底板下部应设置垫木，垫木应上下对齐，不得脱空。堆放层数不应大于 6 层，并有稳固措施。

（2）在每条吊装完成的梁或墙上测量并弹出相应预制板四周控制线，在构件上标明每个构件所属的吊装顺序和编号，便于吊装工人辨认。

（3）在叠合板两端部位设置临时可调节支撑杆，预制楼板的支撑设置应符合以下要求：

① 支撑架体应具有足够的承载能力、刚度和稳定性，应能可靠地承受混凝土构件的自重、施工过程中的其他荷载。

② 确保支撑系统的间距及与墙、柱、梁边的净距符合系统验算要求，上下层支撑应在同一直线上。板下支撑间距不大于 3.3 m。

（4）在可调节顶撑上架设木方，调节木方顶面至板底设计标高。预制带肋底板的吊点位置应合理设置，起吊就位应垂直平稳，两点起吊或多点起吊时索具与板水平面所成夹角不宜大于 60°，不应小于 45°。

（5）吊装应按顺序连续进行，板吊至距离安装位置 3～6 cm 高度后，调整板位置使锚固筋与梁箍筋错开便于就位，板边线基本与控制线吻合。将预制楼板坐落在木方顶面，及时检查板底的预制叠合梁接缝是否到位，预制楼板钢筋入墙长度是否符合要求，直至吊装完成。安装预制带肋底板时，其搁置长度应满足设计要求。预制带肋底板与梁或墙间宜设置不大于 20 mm 的坐浆或垫片。实心平板侧边的拼缝构造形式可采用直平边、双齿边、斜平边、部分斜平边等。当实心平板端部伸出钢筋影响预制带肋底板施工时，可在一端不预留伸出钢筋，并在不伸出钢筋一端的实心平板上方设置端部连接钢筋代替伸出钢筋，端部连接钢筋应沿板端交错布设，端部连接钢筋支座锚固长度不应小于 $10d$，深入板内长度不应小于 150 mm。

（6）当一跨板吊装结束后，要根据板四周边线及板柱上弹出的标高控制线对板标高及位置进行精确调整，误差控制在 2 mm 以内。

预制楼面板吊装施工流程如图 6.4-3 所示。

6.4.5　预制叠合梁安装

（1）测出柱顶与梁底标高误差，在柱上弹出梁边控制线。

（2）在构件上标明每个构件所属的吊装顺序和编号，便于吊装工人辨认。

（3）梁底支撑采用立杆支撑+可调顶托+100 mm×100 mm 木方，预制梁的标高通过支撑体系的顶丝来调节。

（4）梁起吊时，用吊索钩住扁担梁的吊环，吊索应有足够的长度以保证吊索和扁担梁之间的角度≥60°。

（5）当梁初步就位后，借助柱头上的梁定位线将梁精确校正，在调平的同时将下部可调支撑上紧后，可松去吊钩。

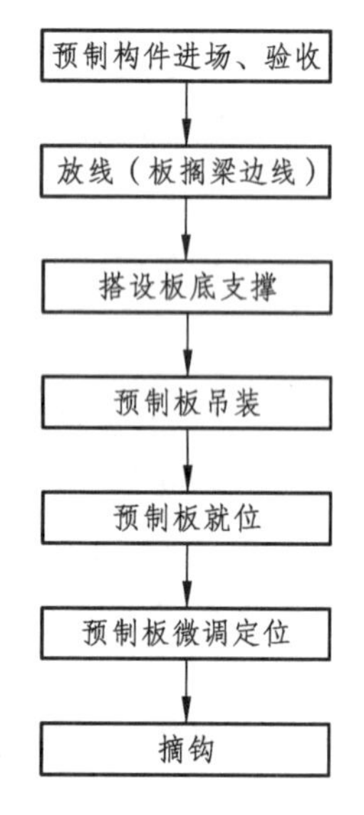

图 6.4-3 预制楼面板吊装施工流程

（6）主梁吊装结束后，根据柱下已放出的梁边和梁端控制线，检查主梁上的次梁缺口位置是否正确；如不正确，需做相应处理后方可吊装次梁。梁在吊装过程中要按柱对称吊装。

（7）预制梁板柱接头连接：

① 键槽混凝土浇筑前应将键槽内的杂物清理干净，并提前 24h 浇水湿润。

② 键槽钢筋绑扎时，为确保钢筋位置的准确，键槽预留 U 形开口箍，待梁柱钢筋绑扎完成后，在键槽上安装∩形开口箍与原预留 U 形开口箍双面焊接，焊接长度为 $5d$（d 为钢筋直径）。

预制梁吊装施工流程如图 6.4-4 所示。

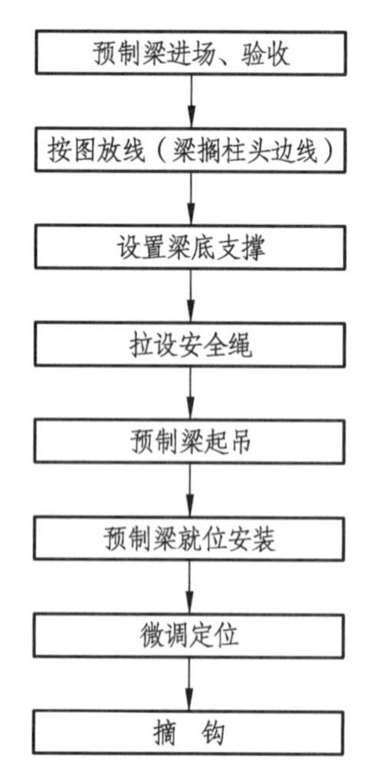

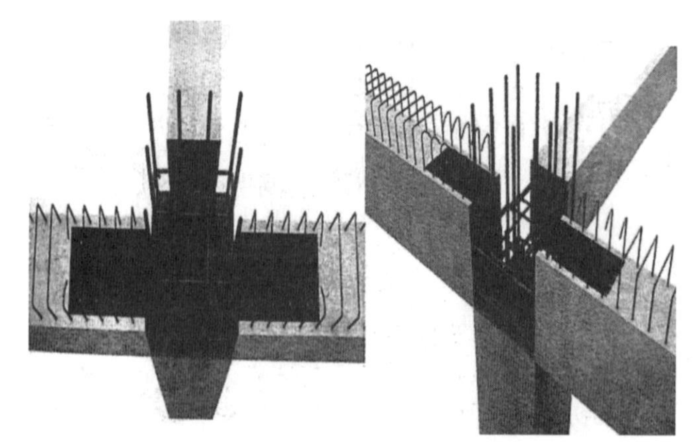

图 6.4-4 预制梁吊装施工流程

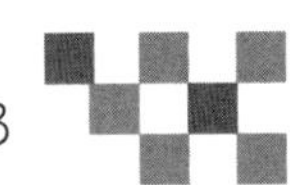

6.4.6　预制阳台板、空调板安装

（1）每块预制构件吊装前测量并弹出相应周边（隔板、梁、柱）控制线。

（2）板底支撑采用钢管脚手架+可调顶托+100 mm×100 mm 木方，板吊装前应检查是否有可调支撑高出设计标高，校对预制梁及隔板之间的尺寸是否有偏差，并做相应调整。

（3）预制构件吊至设计位置上方 3 ~ 6 cm 后，调整位置使锚固筋与已完成结构预留筋错开，便于就位，构件边线基本与控制线吻合。

（4）当一跨板吊装结束后，要根据板周边线、隔板上弹出的标高控制线对板标高及位置进行精确调整，误差控制在 2 mm 以内。

6.4.7　预制楼梯安装

（1）楼梯间周边梁板叠合后，测量并弹出相应楼梯构件端部和侧边的控制线。

（2）调整索具铁链长度，使楼梯段休息平台处于水平位置，试吊预制楼梯板，检查吊点位置是否准确，吊索受力是否均匀等；试起吊高度不应超过 1 m。

（3）楼梯吊至梁上方 30 ~ 50 cm 后，调整楼梯位置与上下平台锚固筋对位，板边线基本与控制线吻合。

（4）根据已放出的楼梯控制线，用就位协助设备等将构件根据控制线精确就位，先保证楼梯两侧准确就位，再使用水平尺和捯链调节楼梯水平，最后用水泥砂浆将洞口填密实。

（5）调节支撑板就位后调节支撑立杆，确保所有立杆全部受力。

预制楼梯安装施工流程如图 6.4-5 所示。

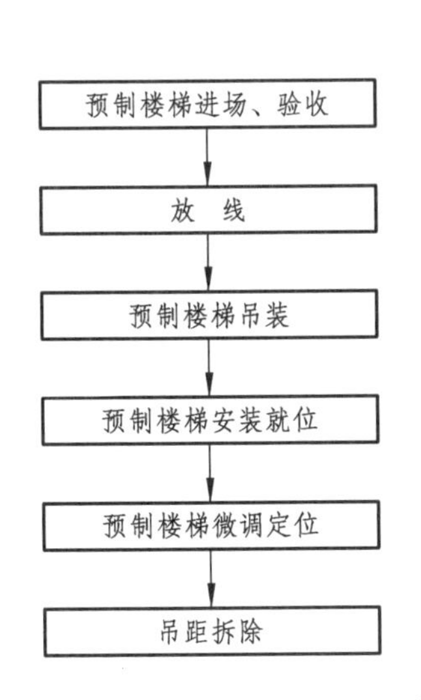

图 6.4-5　预制楼梯安装施工流程

6.5 套筒灌浆连接

6.5.1 套筒灌浆连接常见形式及连接特点

套筒灌浆连接分为全灌浆套筒和半灌浆套筒两种连接类型，均应采用由接头连接型式检验确定的灌浆料和灌浆套筒。套筒灌浆连接应编制专项施工方案，专业工人应经专业培训后上岗，施工工艺为：清缝塞缝→清孔浸湿→灌浆料拌制→注浆。

（1）半灌浆连接，通常一端采用螺纹连接，一端是灌浆连接，适用于竖向结构钢筋的连接，是目前较为常见的竖向构件钢筋连接形式之一，如图 6.5-1 所示。

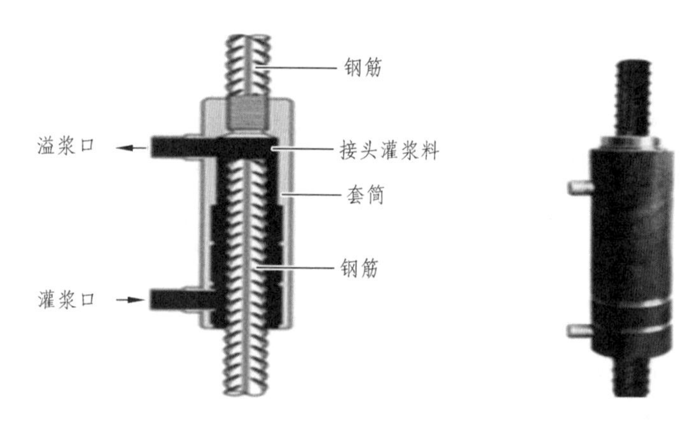

图 6.5-1　半灌浆套筒

（2）全灌浆连接，可用于竖向构件钢筋的连接，如图 6.5-2 所示。根据用途不同，套筒结构会有一些变化。也可用于水平构件的钢筋连接。

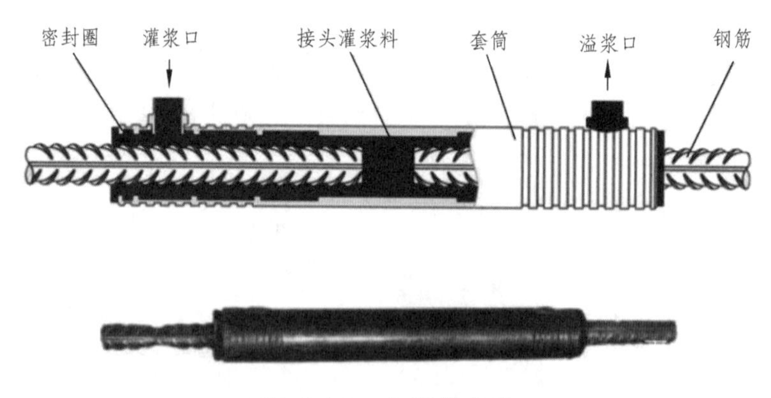

图 6.5-2　全灌浆套筒

灌浆套筒结构组成如图 6.5-3 所示。

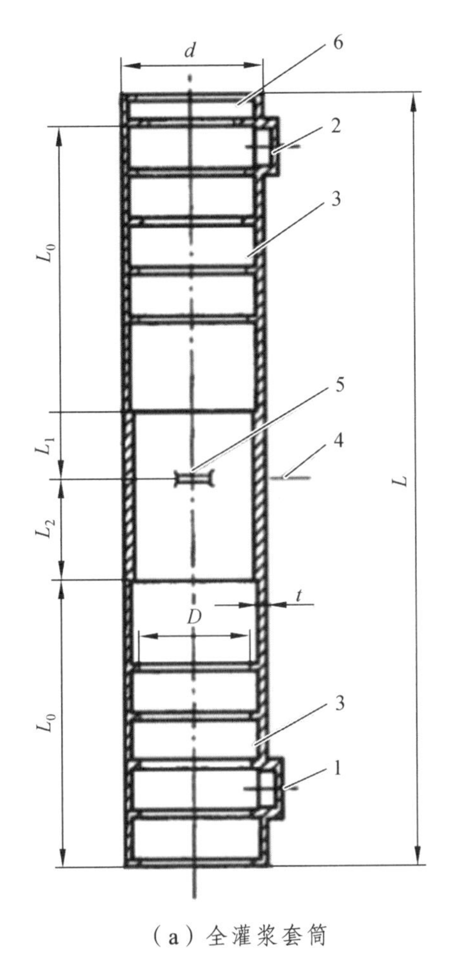

（a）全灌浆套筒

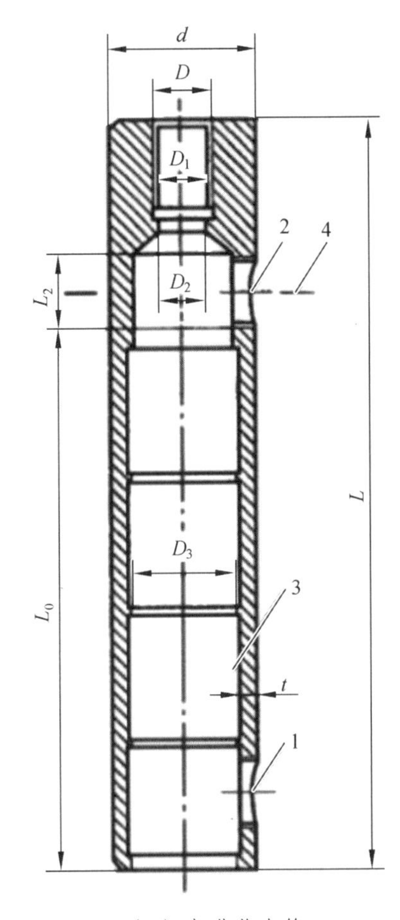

（b）半灌浆套筒

1—灌浆孔；2—溢浆孔；3—剪力槽；4—强度验算用截面；5—钢筋限位挡块；6—安装密封垫的结构；L—灌浆套筒总长；L_0—锚固长度；L_1—预制端预留钢筋安装调整长度；L_2—现场装配端预留钢筋安装调整长度；t—灌浆套筒壁厚；d—灌浆套筒外径；D—内螺纹的公称直径；D_1—内螺纹的基本小径；D_2—半灌浆套筒螺纹端与灌浆端连接处的通孔直径；D_3—灌浆套筒锚固段环形突起部分的内径。

图 6.5-3 灌浆套筒结构组成

6.5.2 使用灌浆套筒连接的基本规定

（1）钢筋采用套筒连接时，宜采用受力钢筋通过套筒直接连接，不宜采用钢筋通过套筒连接后再搭接。

（2）套筒连接强度高于钢筋母材时，会造成套筒范围内不能出现塑性铰。塑性铰位置上移，发生塑性铰的墙底部弯矩增大。钢筋套筒灌浆连接接头的抗拉强度不应小于连接钢筋抗拉强度标准值，且破坏时应断于接头外。

（3）套筒混凝土保护层厚度要求与钢筋相同，最外侧钢筋保护层厚度不小于 15 mm，预制柱箍筋的保护层厚度不小于 20 mm。

（4）套筒净距不应小于 25 mm。

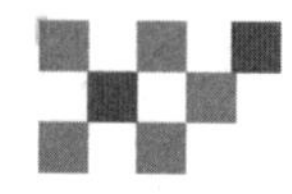

（5）套筒范围内箍筋或剪力墙水平分布钢筋应加密，同时也应考虑此部位混凝土的可浇筑性。

（6）灌浆套筒灌浆端最小内径与连接钢筋直径的差值不宜小于表 6.5-1。用于钢筋锚固的深度不宜小于插入钢筋公称直径的 8 倍。

表 6.5-1　灌浆套筒灌浆端最小内径与连接钢筋直径的差值

钢筋直径/mm	套筒灌浆段最小内径与连接钢筋公称直径差最小值/mm
12～25	10
28～40	15

（7）采用灌浆套筒连接的构件混凝土强度等级不宜低于 C30。

（8）钢筋连接用套筒灌浆料是以水泥为基本材料，配以细骨料以及混凝土外加剂和其他材料组成的干混料，加水搅拌后具有良好的流动性、早强、高强、微膨胀等特性，用于填充套筒和带肋钢筋间隙，简称套筒灌浆料。

（9）套筒、灌浆料应配套使用，套筒、灌浆料、连接钢筋种类发生变化时，应重新做型式检验。

（10）套筒一般有两种连接方式：

① 正连接，即套筒在上，下端伸出钢筋插入套筒内，然后进行封堵注浆。其优点是方便构件制作运输和安装；缺点是需要压力灌浆，而且连接部位容易吸水，灌浆料施工完毕后产生回落。

② 倒连接，即套筒在下，先灌浆，然后上端伸出钢筋插入套筒内。其优点是套筒内灌浆饱满；但必须保证安装精度，在灌浆料初凝前完成墙板构件调整和连接部位灌浆。

预制梁钢筋灌浆套筒连接示意如图 6.5-4 所示。

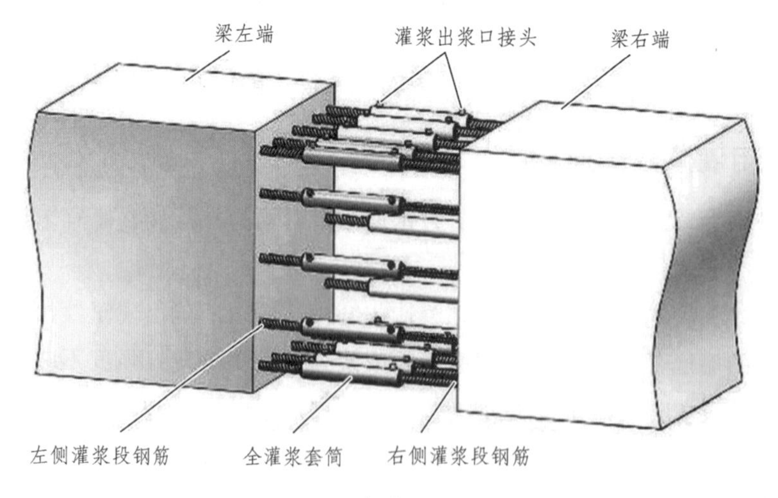

（a）

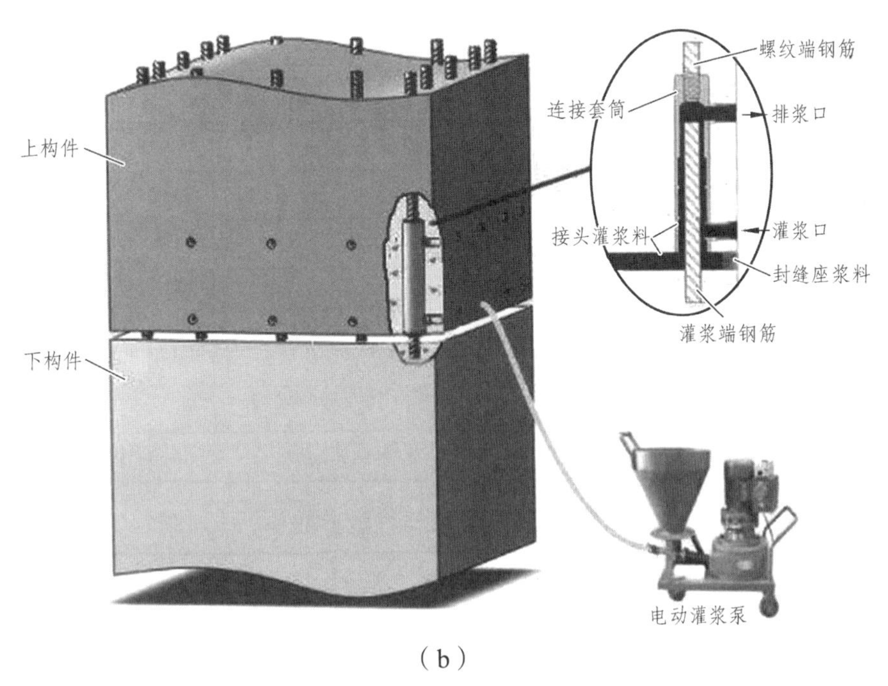

（b）

图 6.5-4 预制梁钢筋灌浆套筒连接示意

6.5.3 灌浆套筒及套筒灌浆料性能参数

灌浆套筒性能参数如表 6.5-2、表 6.5-3 所示，灌浆套筒尺寸偏差表如表 6.5-4 所示，灌浆性能参数如表 6.5-5 所示。

表 6.5-2 球墨铸铁灌浆套筒的材料性能

项 目	性能指标
抗拉强度 σ_b/MPa	≥550
断后伸长率 δ_s/%	≥5
球化率/%	≥85
硬度/HBW	180～250

表 6.5-3 各类钢灌浆套筒的材料性能

项 目	性能指标
屈服强度 σ_b/MPa	≥335
抗拉强度 σ_b/MPa	≥600
断后伸长率 δ_s/%	≥5

表 6.5-4 灌浆套筒尺寸偏差

序号	项 目	灌浆套筒尺寸偏差					
		铸造灌浆套筒			机械加工灌浆套筒		
1	钢筋直径/mm	12～20	22～32	36～40	12～20	22～32	36～40
2	外径允许偏差/mm	±0.8	±1.0	±1.5	±0.6	±0.8	±0.8

续表

序号	项目	灌浆套筒尺寸偏差					
		铸造灌浆套筒			机械加工灌浆套筒		
3	壁厚允许偏差/mm	±0.8	±1.0	±1.2	±0.5	±0.6	±0.8
4	长度允许偏差/mm	±（0.01L）			±2.0		
5	锚固段环形突起部分内径允许偏差/mm	±1.5			±1.0		
6	锚固段环形突起部分内径最小尺寸与钢筋公称直径差值/mm	⩾10			⩾10		
7	直螺纹精度	—			GB/T 197 中 6H 级		

表 6.5-5　灌浆料性能参数

灌浆料技术参数		
检测项目		性能指标
流动度/mm	初始	⩾300
	30 min	⩾260
抗压强度/MPa	1 d	⩾35
	3 d	⩾60
	28 d	⩾85
竖向膨胀率/%	3 h	⩾0.02
	3 h 与 24 h 差值	0.02～0.05
氯离子含量/%		⩽0.03
泌水率/%		0

6.5.4　灌浆套筒连接施工机具

灌浆套筒连接施工机具如表 6.5-6 和表 6.5-7 所示。

表 6.5-6　施工机具 1

类型	电动灌浆泵	手动灌浆枪
型号	JM-GJB 5 型	—
适用范围	通过水平缝连通腔对多个接头的灌浆	单个接头的灌浆或剪力墙通过水平缝连通腔不长于 30 cm 的少量接头的灌浆
电源	三相，380 V/50 Hz	无
额定流量	5 L/min（泵送水）； 2.6 L/min（泵送 CGMJM-VI 泵送性灌浆料）	手动

续表

类型	电动灌浆泵	手动灌浆枪
额定压力	1.2 MPa	—
料仓容积	料斗 20 L	枪腔 0.7 L
图片		

表 6.5-7　施工机具 2

名称	冲击转式砂浆搅拌机	电子秤、刻度杯	温度计	搅拌桶
主要参数	功率：1200 ~ 1400 W； 转速：0 ~ 800 r/min 可调； 电压：单向 220 V/50 Hz； 搅拌头：片状或圆形花篮	量程：30 ~ 50 kg 感量精度：0.01 kg 刻度杯：2 L、5 L	—	ϕ300×H400，30 L，平底筒，最好不锈钢制
用途	浆料搅拌	精确称量干料及水	测环境温度及浆温	搅拌浆料
图片	33cm　25cm　60cm　87cm			

6.5.5　灌浆施工工艺流程

1. 钢筋调直

（1）钢筋位置偏差≤3 mm。

（2）钢筋长度偏差在 0 ~ 15 mm。

（3）钢筋保持表面清洁，无严重锈蚀，无粘贴物。

2. 找平

（1）首层标高差≥±50 mm 时，用强度略大于现浇混凝土的细石混凝土抄平至设计标高；

<50 mm 时用封堵料抄平。

（2）标准层用封堵料抄平至设计标高。

3. 分仓

（1）分仓应在吊装前进行，相隔时间不宜大于 15 min。

（2）建议泵灌每隔 1.5 m，手动灌浆每隔 0.3 m，根据现场或工艺实际情况可延长。

（3）竖向钢筋与分隔仓墙的距离需≥40 mm。

4. 吊板（柱）

（1）将边线、端线复核好。

（2）依照定位件布置。

5. 固定

（1）下方构件伸出的连接钢筋均应插入上方预制构件的连接套筒内，底部套筒孔可用镜子观察。

（2）在竖向构件 2/3 高度位置安装斜支撑，当连接钢筋与连接套筒连接好后，不要脱钩，待安装斜支撑临时固定好后再脱钩。

（3）用靠尺在距离构件边 500 mm 左右检查垂直度，构件小于 5 m 靠 2 尺，大于 5 m 靠 3 尺。

6. 封堵

（1）对构件接缝的外侧应采用专用封缝料封堵。

（2）使用专用封缝料要严格按照说明书，要求加水搅拌均匀。

（3）封堵时，用专用钢板抹子，填抹 1.5 ~ 2 cm 深（确保不堵套筒孔）。一段抹完向后移动，进行下一段同一构件或同一仓填抹。

7. 检查灌浆套筒

（1）灌浆前应检查预留灌浆孔是否被杂物堵塞，如有需及时清理。

（2）用鼓风机注入空气，检查灌浆孔是否畅通。

8. 灌浆

（1）用灌浆泵从接头下方的灌浆孔处向套筒内压力灌浆。

（2）接头灌浆时，应在构件一端进行压力灌浆，直到所有孔流出浆料为止。如遇灌料孔未流出浆料，应在此孔单独注浆直到浆料流出，按浆料排出先后依次封堵灌牢固后再停止灌浆。如有漏浆须立即补灌。

6.5.6 灌浆套筒连接技术要点

1. 灌浆套筒各工序施工要点

（1）清理接触面：预制柱下落前应保持预制柱与混凝土接触面无灰渣、无油污、无杂物。

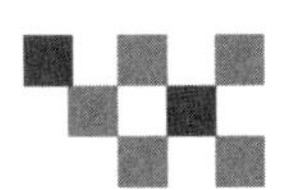

（2）铺设高强度垫块：采用高强度垫块将预制柱的标高找好，使预制柱标高得到有效的控制。

（3）安放预制柱（墙）：在安放预制柱时应保证每个注浆孔通畅，预留孔洞满足设计要求，孔内无杂物。

（4）调整并固定预制柱（墙）：预制柱安放到位后采用专用支撑杆件进行调节，保证预制柱垂直度、平整度在允许误差范围内。

（5）预制柱（墙）四周密封：根据现场情况，采用砂浆对预制柱四周缝隙进行密封，确保灌浆料不从缝隙中溢出，减少浪费。

灌浆前封堵漏浆措施如图 6.5-5 所示。

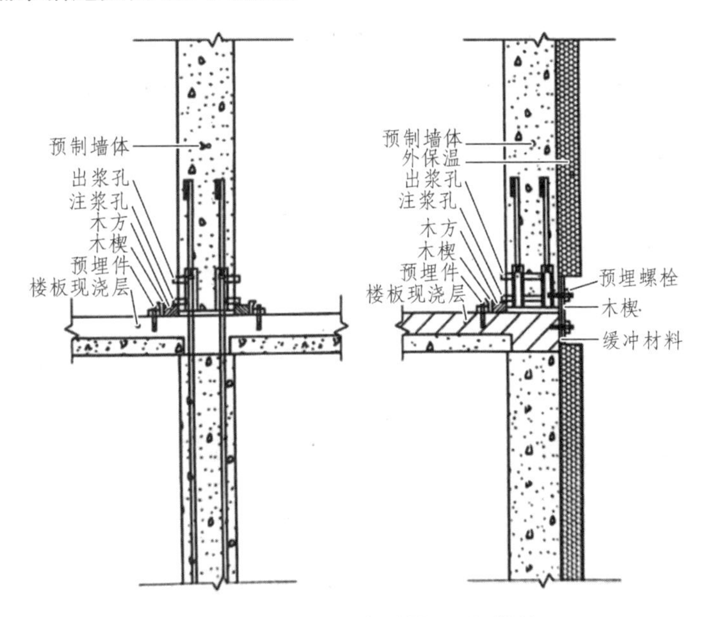

图 6.5-5 灌浆前封堵漏浆措施

2. 灌浆套筒连接质量控制要点及注意事项

（1）套筒灌浆连接是 PC 建筑中的关键技术，设计、构件生产、安装各方面必须予以高度重视。

（2）套筒、灌浆料、施工工艺三个环节要统筹配套选择，严格把控。

（3）由于灌浆完成后没有有效的内部质量检测手段，所以关键工艺和过程控制非常重要。工厂钢筋丝头加工及现场灌浆应列入质量控制的重点，其中难点在现场灌浆。

（4）灌浆施工时，环境温度低于 5 °C 时不宜施工，低于 0 °C 时不得施工；当环境温度高于 30 °C 时，应采取降低灌浆料拌合物温度的措施。

（5）灌浆料宜在加水后 30 min 内用完。散落的灌浆料拌合物不得二次使用，剩余的拌合物不得再次添加灌浆料、水后混合使用。

（6）当灌浆施工出现无法出浆的情况时，可采取以下措施：

① 对于未密实饱满的竖向连接灌浆套筒，当在灌浆料加水拌合 30 min 内时，应首选在灌

浆孔补灌；当灌浆料拌合物已经无法流动时，可从出浆孔补灌，并采用手动设备结合吸管压力灌浆。

② 水平钢筋连接灌浆施工停止后 30 s，当发现灌浆料拌合物下降时，应检查灌浆套筒的密封或灌浆料拌合物排气情况，并及时补灌或采取其他措施。

③ 补灌应在灌浆料拌合物达到设计规定的位置后停止，并应在灌浆料凝固后再次检查其位置符合设计要求。

（7）灌浆料同条件养护试件抗压强度达到 35 N/mm^2 后，方可进行对接头有扰动的后续施工；临时固定措施的拆除应在灌浆料抗压强度能确保结构达到后续施工承载要求后进行。

（8）灌浆施工时应全程留下影像记录资料。

灌浆前操作如图 6.5-6 所示，灌浆前流动度测试如图 6.5-7 所示。

（a）专用搅拌设备搅拌砂浆

（b）测量灌浆料流动度

（c）测量合格后倒入注浆机

图 6.5-6　灌浆前操作示意图

图 6.5-7　灌浆前流动度测试示意图

3. 灌浆套筒常见质量保障措施

（1）灌浆料的品种和质量必须符合设计要求和有关标准的规定。每次搅拌应由专人进行。

（2）每次搅拌应记录用水量，严禁超过设计用量。

（3）注浆前应清理灌浆套筒，避免内有杂物，并应充分润湿注浆孔洞，防止因孔内混凝土吸水导致灌浆料开裂情况发生。

（4）防止因注浆时间过长导致孔洞堵塞，若在注浆时造成孔洞堵塞，应从其他孔洞进行补注，直至该孔洞注浆饱满。

（5）灌浆完毕，立即用清水清洗注浆机、搅拌设备等。

（6）灌浆完成后 24 h 内禁止对构件进行扰动。

（7）待注浆完成 1 d 后应逐个对注浆孔进行检查，发现有个别未注满的情况应进行补注。

第 7 章　工程质量验收

7.1　一般规定

（1）装配式混凝土结构质量验收应符合现行国家标准《混凝土结构工程施工质量验收规范》GB 50204—2015、《建筑工程施工质量验收统一标准》GB 50300—2013 和现行四川省地方标准《四川省装配式混凝土工程施工与质量验收标准》DBJ51/T 054—2015 的规定。当结构中部分采用现浇混凝土结构时，现浇混凝土结构部分质量验收应按现行国家标准《混凝土结构工程施工质量验收规范》GB 50204—2015 执行。

（2）装配式混凝土结构的预制构件应由构件制作单位按设计要求及现行标准规定进行相应的质量检验。

（3）装配式混凝土结构部分应按混凝土结构子分部工程的一个分项工程进行质量验收。

（4）装配式混凝土结构连接节点及叠合构件浇筑混凝土前，均应进行隐蔽工程验收。隐蔽工程验收应包括下列主要内容：

① 混凝土粗糙面的质量，键槽的尺寸、数量、位置、表面清洁。

② 钢筋的牌号、规格、数量、位置、间距，箍筋弯钩的弯折角度及平直段长度。

③ 钢筋的连接方式、接头位置、接头数量、接头面积百分率、搭接长度、锚固方式及锚固长度。

④ 预埋件、预留管线的规格、数量、位置。

⑤ 预制混凝土构件接缝处防水、防火等构造做法。

⑥ 保温及其节点施工。

⑦ 其他隐蔽项目。

（5）检验批、分项工程的验收程序应符合现行国家标准《建筑工程施工质量验收统一标准》GB 50300—2013 的规定。

（6）装配式混凝土结构验收时，除应按现行国家标准《混凝土结构工程施工质量验收规范》GB 50204 的要求提供文件和记录外，尚应提供下列文件和记录：

① 工程设计文件、预制构件安装施工图和加工制作详图。

② 预制构件、主要材料及配件的质量证明文件、进场验收记录、抽样复验报告。预制构件到达施工现场时应随车提供该构件的技术质保类资料，包括构件制作单位和检测单位的资

质人员类资料、产品合格证、混凝土的强度报告，构件中主要材料及配件的进场验收记录、质量证明文件、复检报告，构件制作中的检验批、隐蔽验收记录等，生产过程和资料都需得到监理单位的审查认可。

③ 预制构件安装施工验收记录。

④ 钢筋套筒灌浆型式检验报告、工艺检验报告和施工检验记录，浆锚搭接连接的施工检验记录。

⑤ 后浇混凝土部位的隐蔽工程检查验收文件。

⑥ 后浇混凝土、灌浆料、坐浆材料强度检测报告。

⑦ 灌浆旁站记录。

⑧ 防水及密封部位的检查记录。

⑨ 分项工程质量验收文件。

⑩ 工程的重大质量问题的处理方案和验收记录。

⑪ 其他文件与记录。

（7）有防渗要求的接缝应按照现行国家标准《建筑幕墙》GB/T 21086—2007 的试验方法进行现场淋水试验。

（8）检验批、分项工程的质量验收可按表 7.2-2、表 7.3-2 和表 7.3-3 进行。

7.2　预制构件验收

7.2.1　主控项目验收

（1）专业企业生产的预制构件，进场时应检查质量证明文件、预制构件结构性能检验。

检查数量：全数检查。

检验方法：检查质量证明文件或质量验收记录、结构性能检验报告。

（2）预制构件的外观质量不应有严重缺陷。

检查数量：全数检查。

检验方法：观察。

（3）预制构件上的预埋件、预留插筋、预留孔洞、预埋管线等规格型号、数量应符合设计要求。

检查数量：按批检查。

检验方法：观察。

（4）预制构件中主要受力钢筋数量及保护层厚度应满足国家现行标准及设计文件的要求。

检查数量：按混凝土预制构件进场检验批，不同类型的构件各抽取 10%且不少于 5 个混凝土预制构件。

检验方法：非破损检测。

（5）预制构件的混凝土强度应符合设计要求。

检查数量：全数检查。

检验方法：检查标养及同条件混凝土强度试验报告。

（6）预制构件粗糙面质量、键槽质量和数量应符合设计要求。

检查数量：全数检查。

检验方法：观察、尺量。

（7）采用钢筋套筒灌浆连接的构件尚应提供型式检验报告。

检查数量：全数检查。

检验方法：检查检验报告。

7.2.2　一般项目验收

（1）混凝土预制构件的外观质量不应有一般缺陷。对已经出现的一般缺陷，应要求构件生产单位按技术处理方案进行处理，并重新检查验收。

检查数量：全数检查。

检验方法：观察、检查技术处理方案和处理记录。

（2）预制构件表面预贴饰面砖、石材等饰面及装饰混凝土饰面的外观质量，应符合设计要求和国家现行有关标准的规定。

检查数量：按批检查。

检验方法：观察或轻击检查，与样板对比。

（3）混凝土预制构件的外观质量应符合表7.2-1的要求。

表7.2-1　预制构件外观质量

名称	现象	质量要求	检验方法
露筋	构件内钢筋未被混凝土包裹而外露	主筋不应有，其他允许有少量	观察
蜂窝	混凝土表面缺少水泥浆而形成石子外露	主筋部位和搁置点位置不应有，其他允许有少量	观察
孔洞	混凝土中孔穴深度和长度均超过保护层厚度	构件主要受力部位不应有，其他允许有少量	观察
裂缝	缝隙从混凝土表面延伸至混凝土内部	影响结构性能的裂缝不应有，不影响结构性能或使用功能的裂缝不宜有	观察
连接部位缺陷	构件连接处混凝土缺陷及连接钢筋、连接件松动	连接部位有影响结构传力性能的不应有，其他允许有少量	观察
外形缺陷	缺棱掉角、棱角不直、翘曲不平、飞边凸肋、面砖粘结不牢、面砖位置偏差、面砖嵌缝没有达到横平竖直、转角面砖棱角不直、面砖表面翘曲不平等	清水混凝土构件不应有，其他混凝土构件不宜有	观察
外表缺陷	表面麻面、掉皮、起砂、沾污、面砖污染、窗框保护纸破坏等	清水混凝土构件不应有，其他混凝土构件不宜有	观察

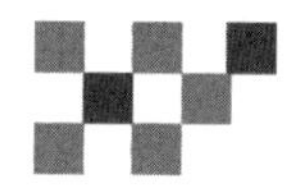

（4）混凝土预制构件的尺寸偏差应符合表 7.2-2 的要求。

检查数量：按照进场检验批，同一规格（品种）的构件每次抽检数量不应少于该规格（品种）数量的 5%，且不少于 3 件。

检验方法：钢尺、靠尺、塞尺检查。

表 7.2-2　构件尺寸的允许偏差及检验方法

项目			允许偏差/mm	检验方法
长度	楼板、梁、柱、桁架	≤6 m	±4	尺量
		>6 m 且≤12 m	±5	
	墙板		±4	
宽度、高（厚）度	楼板、梁、柱、桁架		±5	钢尺量一端及中部，取其中偏差绝对值较大处
	墙板		±4	
表面平整度	楼板、梁、柱、墙板内表面		4	2 m 靠尺和塞尺量
	墙板外表面		3	
对角线差	楼板		6	钢尺量两个对角线
	墙板		5	
预留孔	中心线位置		5	尺量
	孔尺寸		±5	
预留插筋	中心线位置		3	尺量
	外露长度		±5	
键槽	中心线位置		5	尺量
	长度、宽度、深度		±5	
灌浆套筒及连接钢筋	灌浆套筒中心线位置		2	用尺量测纵横两个方向的中心线位置，取其中较大值
	连接钢筋中心线位置		2	用尺量测纵横两个方向的中心线位置，取其中较大值
	连接钢筋外露长度		±10，0	尺量

（5）装配式混凝土结构分项工程预制构件检验批质量验收按表 7.2-3 进行记录。

表 7.2-3　装配式混凝土结构分项工程预制构件检验批质量验收记录

单位（子单位）工程名称		分部（子分部）工程名称			分项工程名称	
施工单位		项目负责人			检验批容量	
分包单位		分包单位项目负责人			检验批部位	
施工依据			验收依据			
验收项目	设计要求及规范规定		样本总数	最小/实际抽样数量	检查记录	检查结果

续表

主控项目	1	构件资料	质量证明文件齐全，标识清晰完整						
	2	外观质量	不应有严重缺陷						
	3	实体检验	应符合设计要求						
	4	构件粗糙面	应符合设计要求						
一般项目	1	外观质量	不应有一般缺陷						
	2	长度	楼板、梁、柱、桁架	≤6 m	±4				
				＞6 m 且≤12 m	±5				
			墙板		±4				
	3	宽度、高（厚）度	楼板、梁、柱、桁架		±5				
			墙板		±4				
	4	表面平整度	楼板、梁、柱、墙板内表面		4				
			墙板外表面		3				
	5	对角线差	楼板		6				
			墙板、门窗口		5				
	6	预留孔	中心线位置		5				
			孔尺寸		±5				
	7	预留钢筋	中心线位置		3				
			外露长度		±5				
	8	键槽	中心线位置		5				
			长度、宽度、深度		±5				
施工单位检查结果			专业工长： 项目专业质量检查员： 年　月　日						
监理单位验收结论			专业监理工程师： 年　月　日						

（6）预制装配式自保温混凝土外墙板的尺寸偏差应符合表 7.2-4 的规定。

表 7.2-4 构件尺寸的允许偏差及检验方法

项目		允许偏差/mm	检验方法
长度		±4	尺量
宽度、高度		±4	尺量两端及中部，取其中偏差绝对值较大处
厚度		±3	用尺量板四角和四边中部位置共 8 处，取其中偏差绝对值较大处
表面平整度		3	2 m 靠尺和塞尺测量
对角线差		5	钢尺测量两个对角线
灌浆套筒中心位置		+2，0	尺量
预留孔	中心线位置	5	尺量
	孔尺寸	±5	
预埋件	预埋件锚板中心线位置	5	尺量
	预埋件锚板与混凝土面平面高差	0，-5	
	预埋螺栓中心线位置	2	
	预埋螺栓外露长度	+10，-5	
	预埋套筒、螺母中心线位置	2	
	预埋套筒、螺母与混凝土面平面高差	0，-5	
	线管、电盒、木砖、吊环在构件平面的中心线位置偏差	20	
	线管、电盒、木砖、吊环与构件表面混凝土高差	0，-10	
预留插筋	中心线位置	3	尺量
	外露长度	±5	
键槽	中心线位置	5	尺量
	长度、宽度、深度	±5	
保温层	厚度	符合设计要求	尺量

7.3 预制构件安装与连接验收

7.3.1 主控项目验收

（1）预制构件临时固定措施应符合设计、专项施工方案要求及国家现行有关标准的规定。

检查数量：全数检查。

检验方法：观察检查，检查施工方案、施工记录或设计文件。

（2）采用钢筋套筒灌浆连接和钢筋浆锚搭接连接的，灌浆应饱满密实，无泄漏，所有出口应出浆。

检查数量：全数检查。

检验方法：检查灌浆施工质量检查记录、观察检查。

（3）施工现场钢筋套筒灌浆连接及浆锚搭接用的灌浆料强度应符合设计要求及国家现行有关标准的规定。

检查数量：按批检验，以每层为一检验批；每工作班应制作 1 组且每层不应少于 3 组 40 mm×40 mm×160 mm 的长方体试件，标准养护 28 d 后进行抗压强度试验。

检验方法：检查灌浆料强度试验报告及评定记录。

（4）钢筋采用焊接连接时，其焊缝的接头质量应满足设计要求，并应符合现行行业标准《钢筋焊接及验收规程》JGJ 18—2012 的有关规定。

检查数量：应符合现行行业标准《钢筋焊接及验收规程》JGJ 18—2012 的有关规定。

检验方法：检查钢筋焊接接头检验批质量验收记录。

（5）钢筋采用机械连接时，其接头质量应符合现行行业标准《钢筋机械连接技术规程》JGJ 107—2016 的规定。

检查数量：应符合现行行业标准《钢筋机械连接技术规程》JGJ 107—2016 的有关规定。

检验方法：检查钢筋机械连接施工记录及平行试件的强度试验报告。

（6）预制构件采用焊接、螺栓连接等连接方式时，其材料性能及施工质量应符合设计要求及国家现行标准《钢结构工程施工质量验收规范》GB 50205—2020 和《钢筋焊接及验收规程》JGJ 18—2012 的相关规定。

检查数量：按国家现行标准《钢结构工程施工质量验收规范》GB 50205—2020 和《钢筋焊接及验收规程》JGJ 18—2012 的规定确定。

检验方法：检查施工记录及平行加工试件的检验报告。

（7）采用现浇混凝土连接构件时，构件连接处后浇混凝土的强度应符合设计要求。

检查数量：按批检验。

检验方法：检查混凝土强度试验报告。

（8）构件底部接缝坐浆强度应满足设计要求。

检查数量：按批检验，以每层为一检验批；每工作班同一配合比应制作 1 组且每层不应少于 3 组边长为 70.7 mm 的立方体试件，标准养护 28 d 后进行抗压强度试验。

检验方法：检查坐浆材料强度试验报告及评定记录。

（9）施工完成后，构件外观质量不应有严重缺陷且不得有影响结构性能和使用功能的尺寸偏差。

检查数量：全数检查。

检验方法：观察、量测，检查处理记录。

（10）外墙板接缝的防水材料及防水性能应符合设计要求。

检验数量：按批检验。每 1000 m² 外墙（含窗）面积应划分为一个检验批，不足 1000 m² 时也应划分为一个检验批；每个检验批应至少抽查 1 处，抽查部位应为相邻两层 4 块墙板形成的水平和竖向十字接缝区域，面积不得小于 10 m²。

检验方法：检查材料检测报告及现场淋水试验报告。

7.3.2　一般项目验收

（1）装配式混凝土结构安装完毕后，预制构件的位置、尺寸偏差应符合设计要求；当设计无具体要求时，应符合表 7.3-1 的规定。

检查数量：按楼层、结构缝或施工段划分检验批。同一检验批内，对梁、柱，应抽查构件数量的 10%，且不少于 3 件；对墙和板，应按有代表性的自然间抽查 10%，且不少于 3 间；对大空间结构，墙可按相邻轴线间高度 5 m 左右划分检查面，板可按纵、横轴线划分检查面，抽查 10%，且均不少于 3 面。

表 7.3-1　装配式混凝土结构构件位置和尺寸允许偏差及检验方法

项目			允许偏差/mm	检验方法
构件中心线对轴线位置	基础		15	经纬仪及尺量检查
	竖向构件（柱、墙板、桁架）		8	
	水平构件（梁、板）		5	
构件标高	梁、柱、墙、板底面或顶面		±5	水准仪或拉线、尺量检查
构件垂直度	柱、墙板	≤6 m	5	经纬仪或吊线、尺量检查
		＞6 m	10	
构件倾斜度	梁、桁架		5	经纬仪或吊线、尺量检查
相邻构件平整度	梁、楼板下表面	外露	3	2 m 靠尺和塞尺量测
		不外露	5	
	柱、墙板侧表面	外露	5	
		不外露	8	
构件搁置长度	梁、板		±10	尺量检查
支座、支垫中心位置	板、梁、柱、墙板、桁架		10	尺量检查
墙板接缝宽度			±5	尺量检查

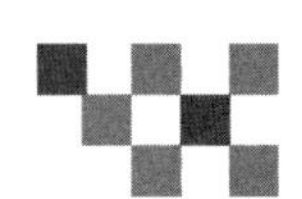

（2）装配式混凝土建筑的饰面外观质量应符合设计要求，并应符合现行国家标准《建筑装饰装修工程质量验收规范》GB 50210—2018 的有关规定。

检查数量：全数检查。

检验方法：观察、对比测量。

（3）构件的安装与连接检验批质量验收可按表 7.3-2 记录。

表 7.3-2　装配式混凝土结构分项工程预制构件安装与连接检验批质量验收记录

编号：

<table>
<tr><td colspan="2">单位（子单位）工程名称</td><td></td><td colspan="2">分部（子分部）工程名称</td><td colspan="2"></td><td>分项工程名称</td><td colspan="2"></td></tr>
<tr><td colspan="2">施工单位</td><td></td><td colspan="2">项目负责人</td><td colspan="2"></td><td>检验批容量</td><td colspan="2"></td></tr>
<tr><td colspan="2">分包单位</td><td></td><td colspan="2">分包单位项目负责人</td><td colspan="2"></td><td>检验批部位</td><td colspan="2"></td></tr>
<tr><td colspan="2">施工依据</td><td colspan="3"></td><td colspan="3">验收依据</td><td colspan="2"></td></tr>
<tr><td colspan="3">验收项目</td><td colspan="3">设计要求及规范规定</td><td>样本总数</td><td>最小/实际抽样数量</td><td>检查记录</td><td>检查结果</td></tr>
<tr><td rowspan="10">主控项目</td><td>1</td><td>构件临时固定措施</td><td colspan="3">应符合设计、专项施工方案要求</td><td></td><td></td><td></td><td rowspan="5"></td></tr>
<tr><td>2</td><td>灌浆施工质量</td><td colspan="3">灌浆应饱满，灌浆强度应满足设计要求</td><td></td><td></td><td></td></tr>
<tr><td>3</td><td>灌浆料强度</td><td colspan="3">应符合设计要求</td><td></td><td></td><td></td></tr>
<tr><td>4</td><td>钢筋焊接</td><td colspan="3">应符合规范规定</td><td></td><td></td><td></td></tr>
<tr><td>5</td><td>钢筋机械连接</td><td colspan="3">应符合规范规定</td><td></td><td></td><td></td></tr>
<tr><td>6</td><td>焊接、螺栓连接材料</td><td colspan="3">应符合设计要求及规范规定</td><td></td><td></td><td></td><td rowspan="5"></td></tr>
<tr><td>7</td><td>后浇混凝土强度</td><td colspan="3">应符合设计要求</td><td></td><td></td><td></td></tr>
<tr><td>8</td><td>接缝坐浆强度</td><td colspan="3">应满足设计要求</td><td></td><td></td><td></td></tr>
<tr><td>9</td><td>装配后外观质量</td><td colspan="3">不应有严重缺陷或一般缺陷</td><td></td><td></td><td></td></tr>
<tr><td>10</td><td>外墙板接缝防水材料及性能</td><td colspan="3">应符合设计要求</td><td></td><td></td><td></td></tr>
<tr><td rowspan="6">一般项目</td><td rowspan="3">1</td><td rowspan="3">构件轴线位置</td><td colspan="2">基础</td><td>15</td><td></td><td></td><td></td><td rowspan="6"></td></tr>
<tr><td colspan="2">竖向构件（柱、墙板、桁架）</td><td>8</td><td></td><td></td><td></td></tr>
<tr><td colspan="2">水平构件（梁、板）</td><td>5</td><td></td><td></td><td></td></tr>
<tr><td>2</td><td>构件标高</td><td colspan="2">梁、柱、墙、板底面或顶面</td><td>±5</td><td></td><td></td><td></td></tr>
<tr><td rowspan="2">3</td><td rowspan="2">构件垂直度</td><td rowspan="2">柱、墙板</td><td>≤6 m</td><td>5</td><td></td><td></td><td></td></tr>
<tr><td>>6 m</td><td>10</td><td></td><td></td><td></td></tr>
</table>

续表

<table>
<tr><td colspan="3">验收项目</td><td colspan="3">设计要求及规范规定</td><td>样本总数</td><td>最小/实际抽样数量</td><td>检查记录</td><td>检查结果</td></tr>
<tr><td rowspan="7">一般项目</td><td rowspan="4">4</td><td rowspan="4">相邻构件平整度</td><td rowspan="2">梁、楼板下表面</td><td>外露</td><td>3</td><td></td><td></td><td></td><td rowspan="7"></td></tr>
<tr><td>不外露</td><td>5</td><td></td><td></td><td></td></tr>
<tr><td rowspan="2">柱、墙板侧表面</td><td>外露</td><td>5</td><td></td><td></td><td></td></tr>
<tr><td>不外露</td><td>8</td><td></td><td></td><td></td></tr>
<tr><td>5</td><td>构件搁置长度</td><td colspan="2">梁、板</td><td>±10</td><td></td><td></td><td></td></tr>
<tr><td>6</td><td>支座、支点中心位置</td><td colspan="2">板、梁、柱、墙板、桁架</td><td>10</td><td></td><td></td><td></td></tr>
<tr><td>7</td><td colspan="3">墙板接缝宽度</td><td>±5</td><td></td><td></td><td></td></tr>
<tr><td colspan="3">施工单位检查结果</td><td colspan="7">专业工长：
项目专业质量检查员：
年 月 日</td></tr>
<tr><td colspan="3">监理单位验收结论</td><td colspan="7">专业监理工程师：
年 月 日</td></tr>
</table>

（4）装配式混凝土结构分项工程质量验收可按表 7.3-3 记录。

表 7.3-3 装配式混凝土结构分项工程质量验收记录

编号：

<table>
<tr><td colspan="2">单位（子单位）工程名称</td><td colspan="2"></td><td>分部（子分部）工程名称</td><td colspan="3"></td></tr>
<tr><td colspan="2">分项工程数量</td><td colspan="2"></td><td>检验批数量</td><td colspan="3"></td></tr>
<tr><td colspan="2">施工单位</td><td colspan="2"></td><td>项目负责人</td><td></td><td>项目技术负责人</td><td></td></tr>
<tr><td colspan="2">分包单位</td><td colspan="2"></td><td>分包单位项目负责人</td><td></td><td>分包内容</td><td></td></tr>
<tr><td>序号</td><td>检验批名称</td><td>检验批容量</td><td>部位/区段</td><td colspan="2">施工单位检查评定结果</td><td colspan="2">监理单位检查验收结论</td></tr>
<tr><td>1</td><td></td><td></td><td></td><td colspan="2"></td><td colspan="2"></td></tr>
<tr><td>2</td><td></td><td></td><td></td><td colspan="2"></td><td colspan="2"></td></tr>
<tr><td>3</td><td></td><td></td><td></td><td colspan="2"></td><td colspan="2"></td></tr>
<tr><td>4</td><td></td><td></td><td></td><td colspan="2"></td><td colspan="2"></td></tr>
</table>

续表

<table>
<tr><td>序号</td><td>检验批名称</td><td>检验批容量</td><td>部位/区段</td><td>施工单位检查评定结果</td><td>监理单位检查验收结论</td></tr>
<tr><td>5</td><td></td><td></td><td></td><td></td><td></td></tr>
<tr><td>6</td><td></td><td></td><td></td><td></td><td></td></tr>
<tr><td>7</td><td></td><td></td><td></td><td></td><td></td></tr>
<tr><td>8</td><td></td><td></td><td></td><td></td><td></td></tr>
<tr><td>9</td><td></td><td></td><td></td><td></td><td></td></tr>
<tr><td>10</td><td></td><td></td><td></td><td></td><td></td></tr>
<tr><td colspan="6">说明：</td></tr>
<tr><td colspan="2">施工单位
检查结果</td><td colspan="4">项目专业技术负责人：
年　月　日</td></tr>
<tr><td colspan="2">监理单位
验收结论</td><td colspan="4">专业监理工程师：
年　月　日</td></tr>
</table>

7.4　常见质量问题预防和处理

7.4.1　预防和处理前期准备工作

由预制构件生产厂家编制《预制构件质量缺陷修补专项方案》，并报总承包施工单位和监理单位审核，审核通过后按方案实施。

（1）影响结构安全的缺陷或重要连接件缺失的构件不得修补，直接退回原厂，按报废处理。

（2）遵循“宁磨不补、多磨少补、补后必磨”的原则。

（3）预制构件修补全过程及二次验收应留有相关资料。

（4）制作修补材料。

① 面层腻子：将灰色水泥与白色水泥根据颜色需要进行配比，加稀释后的苯丙乳液（质量比：苯丙乳液：水=1：10）拌成膏状，用于1~2 mm深度的修补用料。

② 修补腻子：将高强聚合物修补砂浆加水拌成浆糊状，用于厚度3~5 mm的修补用料。

③ 修补砂浆：将修补腻子加干净的细砂（质量比为2：1）拌和而成，用于厚度6~20 mm的修补用料。

④ 修补混凝土：将修补砂浆加5~9 mm米石（质量比为2：1），用于厚度大于20 mm以上的修补用料。

⑤ 当修补区有外观颜色要求时，通过修补材料添加白水泥或专用颜料做小样进行色差对比，采用色差最小的配比方案。

⑥ 有装饰面层的构件应按规定抽样进行装饰面层粘结性的拉拔试验。

⑦ 修补并养护后，按成品构件进场验收标准重新验收，合格方可使用。

7.4.2 预制构件常见表观质量缺陷及处理

1. 露筋

预制构件露筋如图 7.4-1 所示。

图 7.4-1 预制构件露筋

表现形式：构件内钢筋未被混凝土包裹而外露。

形成原因：构件生产过程中钢筋保护层厚度不够、钢筋密集区粗骨料粒径过大、钢筋偏位、振捣器碰撞钢筋等，构件吊运过程中磕碰，等等。

预防措施：在构件生产过程中严控钢筋保护层厚度，优化钢筋排布，合理选用混凝土骨料；混凝土浇筑前调整偏位钢筋，振捣棒避开主筋振捣；在构件吊运过程中由人工引导起吊和降落，避免与其他物体发生碰撞。

处理方式：对于不影响结构安全的局部小面积露筋的混凝土表面，可用钢丝刷或加压水洗刷基层，但不留积水，再用细石混凝土或与混凝土中砂浆成分相同的水泥砂浆压实抹平，养护时间不应少于 7 d。对于影响结构安全的、较多主要受力钢筋露筋的、同一构件多处露筋的严重缺陷构件，不修补，退回原厂，并做好标记和记录。

2. 蜂窝（麻面）

预制构件蜂窝（麻面）如图 7.4-2 所示。

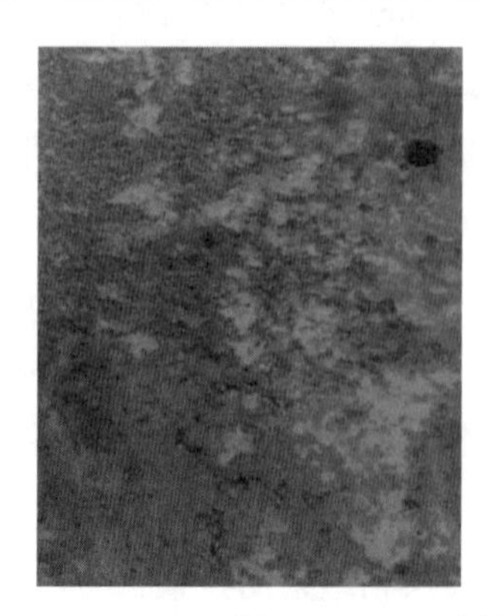

图 7.4-2 预制构件蜂窝（麻面）

表现形式：混凝土表面缺少水泥砂浆而形成骨料外露的现象。

形成原因：构件生产过程中混凝土配合比设计不当或和易性差、模板粗糙或有杂物、振捣不充分或漏振、气泡排出不充分、养护不到位等。

预防措施：在构件生产过程中，采用商砼浇筑，按规定做混凝土坍落度试验，钢筋绑扎之前对模板进行清理并均匀涂刷脱模剂；混凝土浇筑前湿润模板，但不留积水，充分振捣，以混凝土不再明显沉落且表面出现浮浆为止；振捣密实后二次抹面，有条件的宜进行蒸汽养护。

处理方式：极小蜂窝（缺损厚度小于 5 mm），用清水将表面冲刷干净，充分湿润不留明水，采用面层腻子或修补腻子填充刮平，表面凝固后用砂纸适度打磨；小蜂窝（缺损厚度为 5 ~ 20 mm），把松散混凝土清除后，先用清水将表面冲刷干净，充分湿润不留明水，将原混凝土配合比去石子砂浆用刮刀大力压入蜂窝内，压实压平，待砂浆凝固后用砂纸适度打磨；较大蜂窝（混凝土面深度大于 20 mm，但不影响结构安全的），凿去蜂窝处薄弱松散骨料，并剔成喇叭形，刷洗干净并涂刷混凝土界面剂后，用高一级的细石混凝土仔细填塞捣实，控制修补混凝土上表面较原表面低 2 ~ 3 mm，养护时间不应少于 7 d。修补混凝土凝固后用面层腻子找平表面并打磨平整；主要受力部位有蜂窝（麻面）且较严重时，应将缺陷构件退回原厂，并做好标记和记录。

3. 孔洞

预制构件孔洞如图 7.4-3 所示。

图 7.4-3　预制构件孔洞

表现形式：构件表面和内部有空腔，混凝土中孔穴深度和长度均超过保护层厚度。

形成原因：构件生产过程中在钢筋密集区、预埋件处，混凝土振捣不充分或漏振，异型结构的混凝土被钢筋阻挡而没有正确浇筑到位。

预防措施：在构件生产过程中优化钢筋密集区和异型结构的钢筋排布，或采用小型振捣棒，充分振捣，不得漏振；板类预埋件在保证结构安全的情况下可增加排气孔，保证浇筑质量。

处理方式：凿开孔洞周围薄弱松散混凝土，并剔成喇叭形，冲洗干净后，不留积水，涂刷一层与混凝土中砂浆成分相同的水泥砂浆后，用高一级的细石混凝土仔细填塞捣实，压实抹平，最后打磨平整；主要受力部位有较大孔洞的严重缺陷构件应退回原厂，并做好标记和记录。

4. 夹渣

预制构件夹渣如图 7.4-4 所示。

图 7.4-4 预制构件夹渣

表现形式：构件中夹有杂物，且深度超过保护层厚度。

形成原因：在构件生产过程中因施工管理水平导致混凝土浇筑过程中混入烟头、塑料等杂物或其他垃圾。

预防措施：构件生产厂家加强生产管理，强化验收制度；混凝土浇筑前安排专人清理模内杂物，并组织验收。

处理方式：对于一般部位有少量夹渣，可将杂物和松散混凝土凿去，洗刷干净，但不留积水，再用与混凝土中砂浆成分相同的水泥砂浆压实抹平。当缝隙夹层较深，但夹渣不大时，将缺陷部位剔成外大内小的喇叭口状，用水冲洗基层，但不留积水，用压力水冲洗干净并涂刷一层混凝土界面剂后支模，强力灌高一等级的细石混凝土或将表面封闭后进行压浆处理，养护时间不应少于 7 d。对于主要受力部位有较大夹渣的严重缺陷构件，不修补，退回原厂，并做好标记和记录。

5. 预制构件混凝土疏松

预制构件混凝土疏松如图 7.4-5 所示。

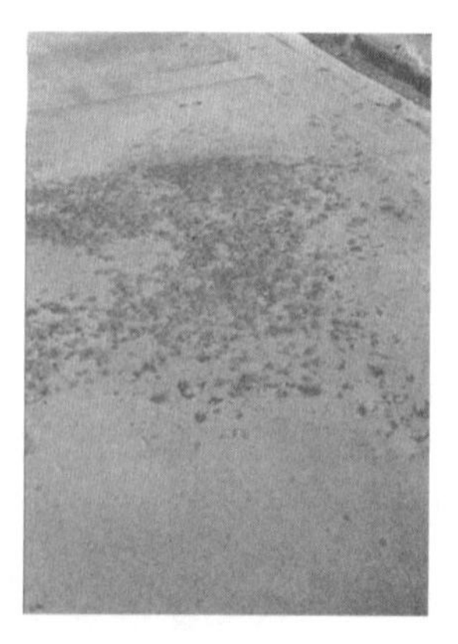

图 7.4-5 预制构件混凝土疏松

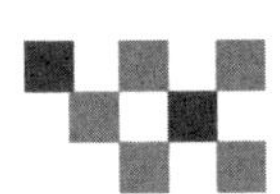

表现形式：构件中局部混凝土不密实，松散，易掉落。

形成原因：在构件生产过程中使用的混凝土质量不合格，性能差；冬季低温环境浇筑下无保温措施，养护不到位，造成混凝土早期冻害，强度不够，出现松散现象。

预防措施：加强商砼质量检验，振捣密实，避免漏振；采用蒸汽养护，保证混凝土强度。

处理方式：对于小面积的松散区域，应凿除胶结不牢固部分的混凝土，清理表面，洒水湿润后应用 1∶2～1∶2.5（质量比，水泥∶砂，后同）水泥砂浆抹平；对于面积较大但不影响结构安全的松散区域，应凿除胶结不牢固部分的混凝土至密实部位，清理表面，洒水湿润，涂刷混凝土界面剂，支设模板，采用比原混凝土强度等级高一级的细石混凝土浇筑密实，养护时间不应少于 7 d。对于构件主要受力部位有疏松混凝土，影响构件安全的，不修补，退回原厂，并做好标记和记录。

6. 裂缝

预制构件裂缝如图 7.4-6 所示。

图 7.4-6　预制构件裂缝

表现形式：构件表面裂缝或贯通性裂缝，缝隙从构件表面延伸至内部。

形成原因：在构件生产过程中未及时养护或养护方式不当，保温保湿不当，混凝土发生温度和塑性收缩现象；混凝土振捣不密实，未及时排除混凝土泌水；跨度较大构件在吊运过程中吊点选用不当，存放时支点选择不当等。

预防措施：在构件生产过程中，振捣密实，加强混凝土养护，合理选用保温保湿措施，宜采用蒸汽养护。跨度较大的构件吊运过程中应适当增加吊点，并保证每个吊点均匀受力；跨度较大的构件存放时，不得将支点选在构件薄弱处，支点数量和位置宜同吊点数量和位置，支垫应选用柔性材料。

处理方式：凿开构件较宽裂缝处，观察裂缝宽度、深度、是否贯通。对于面层裂缝，宽度在 0.2 mm 以内时，用钢丝刷等工具清除混凝土裂缝表面的灰尘、浮渣及松散层等污物，刷去浮灰，再使用专用结构封缝胶进行封闭，达到强度后打磨平整。对宽度和深度较大但不影响结构性能的裂缝，应沿裂缝方向凿成深为 15～20 mm，宽度为 10～20 mm 的 V 形凹槽，用毛刷清理干净并洒水湿润，不留积水，再用高一强度等级的专用砂浆抹 2～3 层，至与构件表面齐平，最后压实抹光。对于主要受力部位有影响结构安全性能的较大裂缝或贯通裂缝的严重缺陷构件，不修补，退回原厂，并做好标记和记录。

7. 外形缺陷

预制构件外形缺陷如图 7.4-7。

① 预制构件平整度差

② 预制构件平整度差

③ 预制构件拉毛不规范

④ 预制构件存放不规范导致掉皮

⑤ 预制构件存放不规范

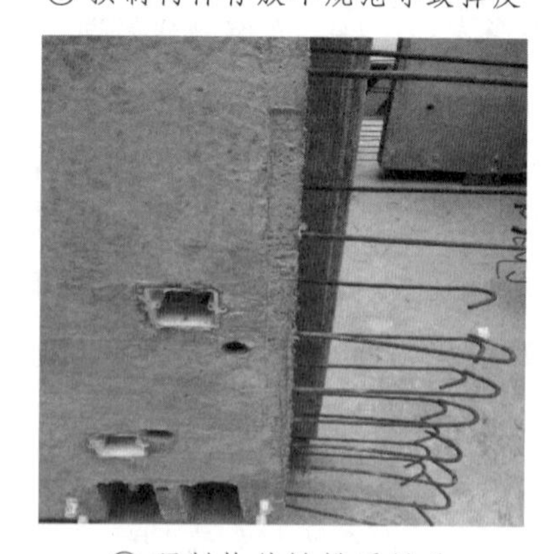

⑥ 预制构件键槽质量差

图 7.4-7 预制构件外形缺陷

表现形式：构件缺棱掉角，翘曲不平，飞边凸肋，几何尺寸、厚度、键槽不符合质量要

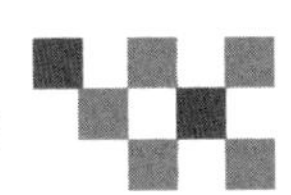

求，等等。

形成原因：在构件生产过程中脱模过早，拆模方式不正确；模板刚度不够，模板破损变形、平整度差；在构件吊运过程中与周围物体碰撞导致破损；构件存放时未按规定放在柔性支垫上。

预防措施：在构件生产过程中，定期检查模板质量，及时更换变形、破损的模板，确保模板具有足够的刚度、平整度，轴线和几何尺寸无误，模板使用过程中应注意清理杂物，均匀涂刷脱模剂，混凝土达到拆模强度后方可拆除木板，严禁有野蛮粗暴的敲、撬、扳等行为。在构件吊运过程中，应由专人负责引导起吊和降落，避免构件因与周围物体磕碰而损坏。构件存放时应将构件放在柔性支垫上，不得直接放在地面上。

处理方式：对于一般部位，将缺陷周边松散混凝土和软弱水泥浆凿除，冲洗干净，但不得积水，支设模板，用高一强度等级的专用修补砂浆或高一等级的细石混凝土仔细浇灌捣实，压光抹平，养护时间不少于 7d。对于预留孔洞部位，将缺陷周边松散混凝土和软弱水泥浆凿除，冲洗干净，但不得积水，将与预留孔洞尺寸相同的模具埋在指定位置，并在模具上均匀涂刷脱模剂，支设模板，再浇灌捣实高一等级的细石混凝土，压光抹平，养护时间不少于 7 d，养护期间不得受力扰动。对于构件几何尺寸、厚度、键槽质量不符合要求的，用角磨机对超标区域进行打磨，但不得破坏或裸露钢筋，保证钢筋保护层厚度，打磨后清洗表面浮尘，涂刷面层腻子，再打磨平整。对于严重破损、严重超出允许偏差，而导致无法修补至合格产品的构件，或影响结构安全性能的严重缺陷，应退回原厂。退场构件应做好标记和记录。

8. 外表缺陷

表现形式：预制构件掉皮、起砂、玷污，连接面、叠合面粗糙程度不符合要求，等等。

形成原因：在生产过程中拆模过早或拆模方式不当，导致掉皮；模板没有充分湿润或漏刷脱模剂，模板拼缝差，漏浆，导致起砂；混凝土表面密实度不足、收面粗糙、表面冻害等，导致起砂、起皮、麻面；钢筋或钢模锈蚀，有隔离剂残留，模板反复使用却未清理干净，导致混凝土表面玷污；构件连接面、叠合面粗糙度制作工艺差。

预防措施：在构件生产过程中，定期检查模板质量，及时更换变形、破损的模板，确保模板拼缝质量；严控钢筋、钢模质量，不得使用锈蚀严重的原材料，应配套合理的除锈措施；浇筑混凝土之前应注意清理杂物，均匀涂刷脱模剂；混凝土收面应压实抹平；宜采用蒸汽养护，提高混凝土成型质量，混凝土达到拆模强度后方可拆除木板；严禁有野蛮粗暴的敲、撬、扳等行为。构件连接面的粗糙面制作，可在对应侧模内侧刷一层缓凝剂，再浇筑混凝土，待混凝土初凝后拆除所述侧模，用高压水冲洗对应预制构件侧面的混凝土面形成粗糙面。构件叠合面的粗糙面应使用专用工具进行拉毛处理。

处理方式：用钢丝刷加清水刷洗，使缺陷部位充分湿润，根据缺陷程度使用面层腻子或修补腻子，再压实找平，最后打磨平整；构件连接面、叠合面的粗糙程度不足的，使用人工剔凿，并及时将建渣清理干净；对于具有重要装饰作用的清水混凝土的严重缺陷构件，不修

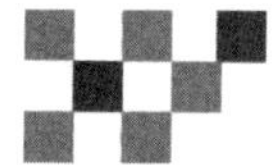

补，退回原厂，并做好标记和记录。

9. 装饰缺陷

表现形式：有装饰要求的预制构件有色差、划痕、裂纹、缺角、脱落、尺寸偏差等，装饰面层粘结不牢，表面不平，装饰缝隙不顺直，等等。

形成原因：在构件生产过程中不同批次装饰材料未进行色差对比检验，装饰面与底模之间使用硬质垫块，划伤装饰面层，野蛮脱模，损坏装饰面；在构件吊运过程中与周围物体碰撞导致装饰面损坏。

预防措施：严格执行装饰材料进场验收，认真对比色差。有外装饰面层的构件应认真清理模具，尤其是底模的浮灰，及时更换变形的模具；装饰面层与底模之间宜设置柔性、变形小的垫片，防止划伤装饰面；入模前认真核对石材尺寸，并均匀涂刷脱模剂；重点检查装饰面与构件的连接件，重点控制装饰面的平整度、接缝顺直度；混凝土浇筑时严禁野蛮施工，以免破坏装饰面层；按规定抽样进行装饰面层粘结性的拉拔试验。

处理方式：对于瓷砖、面砖等装饰面有缺陷的构件，可将缺陷区域及周围凿除，并清洁破断面，在破断面上使用速效胶粘剂粘贴瓷砖、面砖，并调整位置和整体平整度；待胶干后，使用同色号勾缝剂勾缝，缝格要与整体装饰面吻合。对于难以修复至原观感的装饰面（如石材装饰面），影响使用功能或装饰效果的，应退回原厂，并做好标记和记录。

10. 连接部位缺陷

预制构件连接部位缺陷如图 7.4-8。

表现形式：构件的连接钢筋锈蚀、缺失、排布不均等，连接件松动、弯折、缺失等，灌浆套筒裸露、偏位、堵塞、破损、缺失等，预留孔洞堵塞、偏位、破损、缺失等。

形成原因：在构件生产过程中忽略对原材料的验收，钢筋绑扎验收环节缺失，连接件、灌浆套筒预埋定位偏差，检查环节不仔细；在混凝土浇筑过程中振捣棒碰撞连接件、灌浆套筒导致偏位，预埋件、灌浆套筒、预留孔洞的保护措施不足，导致杂物或混凝土浆料渗入其中。

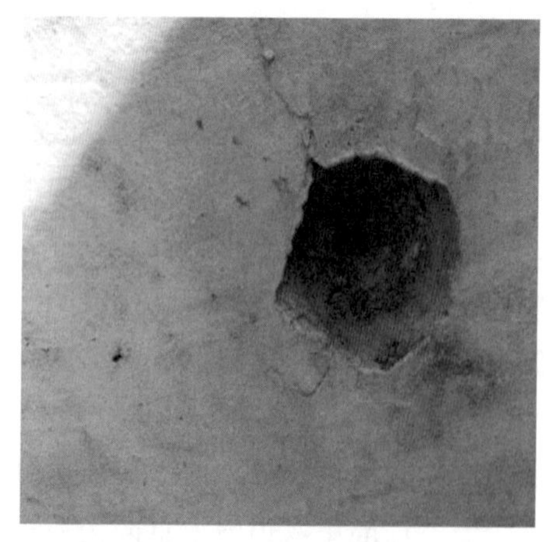

① 预制构件斜支撑安装丝口堵孔

② 预制构件钢筋排距差

③ 预制构件破损、套筒缺失

④ 预留孔洞偏位

图 7.4-8　预制构件连接部位缺陷

预防措施：制定严格的质量验收制度，选用责任心强的工人，优化重要配件保护措施。

处理方式：对于连接部位不影响结构传力性能的，经修补，再次检验合格后，方可使用，如斜支撑预埋丝孔少量堵塞，使用专用车丝器具清理丝孔，并修复丝口，经检验，丝孔能够紧固斜支撑连接件后，方可使用；对于连接部位有影响结构传力性能的缺陷，不修补，退回原厂，作报废处理，并做好标记和记录。

7.4.3　预制构件吊运与存放环节的常见质量缺陷及处理

表现形式：吊点设置不合理，构件缺棱掉角、开裂，钢筋弯曲、变形，连接件弯折，如图 7.4-9 所示。

图 7.4-9　预制构件吊点破损

形成原因：预制构件生产时未考虑施工现场的吊具尺寸，导致施工现场无法吊运；预制构件在吊运过程中操作不当，导致构件与周围物体碰撞而损坏；预制构件未按规定放置在柔性支垫上，构件之间未按规定隔开，存放方式错误，跨度较大的构件支垫设置不够。

预防措施：对于少量吊点不合理的，可在保证吊点埋置深度、不影响构件装饰面和结构安全的情况下剔打构件，露出吊环。介入预制构件生产环节，改良吊点位置和高度。起重设备操作人员、指挥人员必须持证上岗，认真负责，构件起吊和降落由专人持牵引绳引导。构件按规定存放于各类专用存放架上，支垫设置在构件吊点下方，跨度越大，支垫越多，支垫采用柔性材料通长设置；严格控制构件堆码层数，层与层之间，支垫应放在同一位置，以免上层构件压坏下层构件。对于构件薄弱部位，应有保护措施。

处理方式：对于面积较小的一般缺陷，应凿除胶结不牢固部分的混凝土，清理表面，洒水湿润后应用 1∶2～1∶2.5 水泥砂浆抹平；对于面积较大但不影响结构安全的破损区域，应凿除胶结不牢固部分的混凝土至密实部位，清理表面，洒水湿润，涂刷混凝土界面剂，支设模板，采用比原混凝土强度等级高一级的细石混凝土浇筑密实，养护时间不应少于 7 d；破损严重、形成贯通裂缝的构件，应退回原厂，并做好标记和记录。弯折的钢筋、连接件，若弯曲情况不严重，可使用专用校正器调整，严禁使用火烤等热处理方式校正；若弯折严重或已疲劳破坏，应退回原厂，并做好标记和记录。

7.4.4 预制构件安装环节的常见质量缺陷及处理

1. 错台

预制构件错台如图 7.4-10 所示。

图 7.4-10 预制构件错台

表现形式：相邻两层预制构件上下错开，影响后期外装饰施工。

形成原因：楼层测量放线出现偏差，构件安装定位精确度不够，混凝土浇筑前未校核构件垂直度。

预防措施：楼层主控线应从基准层引线，严格控制主控线、细部线精度；构件安装严格按照楼层细部控制线定位，安装完后复核构件位置、标高、垂直度；混凝土浇筑过程中安排专人逐一检查构件垂直度有无偏差。

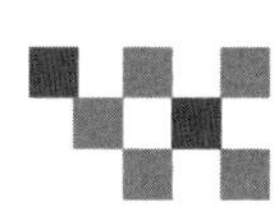

处理方式：将错台高出部分凿除，比构件表面略低，稍微呈凹陷弧形，露出骨料；用清水冲洗干净并充分湿润，但不留积水；最后使用面层腻子或修补腻子，压实找平并打磨平整。

2. 胀模

表现形式：现浇节点加固不到位，丝杆蝴蝶扣未拧紧；混凝土振捣过度，导致构件根部胀模、移位，如图 7.4-11 所示。

图 7.4-11　预制构件胀模

形成原因：预制构件作为现浇节点外侧模板时，由于构件本身具有一定刚度，当现浇节点混凝土浇筑过快时，构件易从阳角向外胀开，而不同于普通木模板向垂直于模板方向胀开。

预防措施：优化现浇节点支模方式，取消传统钢管加固方式，改为一字形直矩管和 L 形矩管，增强加固可靠度，可大大减小蝴蝶扣在矩管上的侧移；当浇筑混凝土时，也能有效抵抗对构件阳角处带来的侧压力。混凝土浇筑前，在每层板面对应位置预埋一根高强丝杆，混凝土浇筑完成后将丝杆上的浮浆清理干净，待下层构件安装时使用。构件安装完成后，在外侧加装 10 mm 厚钢板，并用螺帽或蝴蝶扣拧紧，用作根部约束。混凝土浇筑前仔细检查支模体系紧固程度，浇筑过程中安排专人检查构件胀模情况。混凝土振捣时，振捣棒移动间距不应超过振动器作用半径的 1.5 倍，ϕ50 振动棒的作用直径一般为 15 cm 左右，与侧模应保持 50 ~ 100 mm 的距离，插入下层混凝土 50 ~ 100 mm；每一处振动完毕后应边振动边徐徐提出振动棒，应避免振动棒碰撞构件和模板。

处理方式：在混凝土浇筑过程中，若发现构件严重胀模，应立即停止浇筑。

3. 预埋件偏位

表现形式：斜支撑预埋螺母偏位，导致斜支撑安装出现偏差；外挂板钢板预埋件偏位，导致外挂板连接件无法安装。

形成原因：预留预埋件在安装过程中定位有偏差，安装完成后无固定措施，混凝土振捣碰撞、扰动预留预埋件。

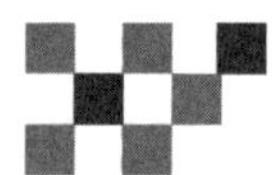

预防措施：斜支撑预埋螺母定位精度要求较低，一般为±20 mm，但应固定在板面上，或与楼层钢筋焊接固定；预埋钢板安装精度较高，定位准确后应与楼层钢筋焊接固定，板式预埋件上宜采用机械钻孔，留出排气孔，以免混凝土无法填满板下；混凝土浇筑时应注意保护预留预埋件，振捣棒与其不得碰撞。

处理方式：斜支撑预埋螺母偏位严重的，应在楼面正确位置处向下开孔，做贯穿拉结件，保证斜支撑传力效果；预埋钢板偏位严重的，应咨询设计单位处理意见，会同监理单位、建设单位，出具处理方案（处理方案有：结构植筋，增加锚固板，在锚固板上机械开孔，钢筋穿过锚固板并焊接连接，植筋根数同预埋钢板连接钢筋根数）。

4. 套筒灌浆连接钢筋偏位

表现形式：主要表现为转换层预埋插筋偏位和装配式结构楼层套筒灌浆连接钢筋偏位。

形成原因：转换层施工时插筋定位不准，精度不高，混凝土振捣时碰撞、扰动插筋；在装配式楼层中，由于预制构件钢筋基本定位准确，牢固可靠，而忽略了对预留钢筋的检查与校正，导致混凝土浇筑完，后续构件吊装时，才发现套筒与钢筋难以对位。

预防措施：定制连接钢筋定位器，转换层施工时，用定位器校正插筋位置，再通过附加钢筋将插筋与主体钢筋焊接固定，直到整层混凝土浇筑完成并初凝后，方可取下钢筋定位器，并再次复核插筋有无偏差。装配式结构楼层现浇部位浇筑前使用定位器对连接钢筋作校正处理。混凝土振捣时，严禁碰撞连接钢筋等重要部位。

处理方式：套筒灌浆连接钢筋属于特别重要部位，在施工工艺上不可逆，因此施工时应特别注意连接钢筋的定位精度。若在实际施工中有钢筋偏位严重等情况时，应咨询设计单位、综合监理单位和建设单位意见，共同制定处理方案（如在保证钢筋合理排布和结构安全的情况下，可根据现场连接钢筋的实际位置专门定制生产对应位置灌浆套筒的构件）。

5. 堵孔、孔洞缺失

表现形式：主要是丝杆孔、外挂架螺栓孔、斜支撑连接孔、灌浆套筒孔洞堵塞。

形成原因：预制构件生产时，各类模具固定不牢，孔洞保护不到位，振捣作业不规范，导致混凝土浆料或异物进入孔洞。

预防措施：构件生产过程中严格检查所有预留预埋模具、套筒、连接件数量、定位。将固定套管的张拉螺栓锁紧，固定孔洞模具，用薄膜对孔洞进行保护；构件出厂前加强验收。构件进入现场时对灌浆套筒孔洞进行全数检验，确保全部套筒通畅，且数量、位置无误。

处理方式：丝杆孔、挂架螺栓孔堵塞或缺失的，可用机械方式疏通或开孔。斜支撑连接孔堵塞的，可使用专用工具疏通，重新校正丝口，保证丝口正确受力。灌浆套筒堵塞的，必须在构件安装前全部疏通；无法疏通的，退回原厂，按报废处理。

7.4.5 预制构件灌浆环节的常见质量缺陷及处理

灌浆套筒灌浆连接工艺属于不可逆施工工艺，并且暂无套筒灌浆实体检验的有效方式。

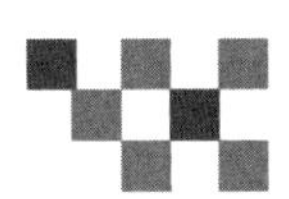

目前灌浆质量的优劣，更大限度取决于人为因素，如操作工人的工作能力，施工单位的管理水平，监理单位的监督、旁站是否落实。因此，灌浆作业中应做好相关资料的记录和整理，并对灌浆作业全过程进行录像留证。灌浆后灌浆料同条件试块强度达到 35 MPa 后方可进入后续施工。通常，环境温度在 15 °C 以上时，24 h 内构件不得受扰动；在 5 ~ 15 °C 时，48 h 内构件不得受扰动；在 5 °C 以下时，视情况而定。如对构件接头部位采取加热保温措施，要保持加热 5 °C 以上至少 48 h，其间构件不得受扰动。拆除斜支撑时间应根据设计荷载情况确定。

1. 灌浆料不合格

表现形式：灌浆料结块、发硬，灌浆料拌制后流动性差、易堵管或有其他异常情况，试块强度达不到设计标准。

形成原因：灌浆料受潮、过期、变质或未按规定采购配套灌浆料。

预防措施：灌浆料应贮存于通风、干燥、阴凉处，不得直接放于施工现场地面，运输途中应避免阳光长时间照射。开封后的灌浆料应在当天用尽，不得使用隔夜材料。采购灌浆料时应根据套筒类型、钢筋直径、使用部位、当地季节和气温及工期进度等要求采购配套浆料。

处理方式：质量合格但不符合现场实际使用的灌浆料，应联系生产厂家退换货。受潮、变质、过期等的灌浆料必须报废，不得使用。

2. 灌浆料流动性不足

表现形式：灌浆料拌制完成后，灌浆料初始流动度检测值 < 300 mm。

形成原因：灌浆料拌制时配合比不符合要求，拌制操作不符合要求，流动度检测程序不规范，等等。

预防措施：

正确的灌浆料制拌流程：根据灌浆料的使用说明书，将灌浆料和清洁水分别按需称重（以使用说明书为准），并混合于干净桶中，加清水率按加水重量/干料重量×100%计算。拌合水必须称量后加入，精确至 0.01 kg。制料时先将水倒入搅拌桶，然后加入约 70%的灌浆料，用专用搅拌机搅拌 1 ~ 2 min 至大致均匀后，再将剩余料全部加入，再搅拌 3 ~ 4 min 至彻底均匀；搅拌均匀后，静置约 2 ~ 3 min，使浆内气泡自然排出后再使用。

正确的灌浆料流动度检测流程：准备一张 1 m×1 m 的干净平整的玻璃，平置于地面，将检测容器置于玻璃板上，将刚拌制好的灌浆料导入容器内，灌满为止，取下容器，检测灌浆料的流动性，初始流动度≥300 mm 即为合格。

灌浆料制备时，所有工具、设备、灌浆料、水等，均不得长时间在阳光下暴晒，环境温度较高时，应使用凉水拌制，搅拌设备和灌浆泵（枪）等器具也要在使用前用水润湿、降温；浆料搅拌时也应避免阳光直射。对灌浆构件表面，也应预先润湿降温，但不得留有积水。环境温度较低时，应有升温和保温措施。当环境温度超过灌浆料允许使用温度范围时，原则上不得进行灌浆作业；若必须施工，应做实际可操作时间检验，保证灌浆施工时间在产品可操作时间内完成。灌浆料自加水算起应在 30 min 内用完，对散落的灌浆料不得二次使用，剩余的灌浆料拌合物不得再次添加灌浆料或水混合使用。

处理方式：灌浆料流动性不合格的，一律作为废品，不得使用。

3. 灌浆受阻

表现形式：灌浆作业中途，套筒一个或多个出浆孔未出浆，灌浆泵中浆料未减少。

形成原因：灌浆套筒堵塞，连接钢筋向灌浆孔方向轻微偏位堵住灌浆孔或出浆孔，坐浆料施工不规范堵塞灌浆套筒下部，灌浆泵机械故障。

预防措施：严控构件进场验收制度，杜绝进场构件有任何一根套筒堵塞。构件安装前用钢板定位器校正连接钢筋位置，用钢筋校正器修正连接钢筋垂直度。坐浆料封堵灌浆仓时，必须有压条防止坐浆料塞入过多，堵塞套筒。灌浆受阻时首先拔出灌浆嘴，判断是灌浆套筒堵塞还是灌浆泵机械故障，施工现场应有备用机械随时替换。

处理方式：若第一个灌浆孔即无法灌进任何浆料，证明此套筒灌浆孔堵塞，此时应将构件重新起吊，检查并处理问题，再重新安装、灌浆。若在灌浆中途受阻，可稍微加压灌浆，但压力不宜超过 0.8 MPa，以免破坏灌浆仓。若仍无法灌入浆料，则按要求封堵此灌浆孔，选择出浆受阻的套筒单独灌浆或补浆。再次灌浆时，应保证已灌入的浆料还有足够的流动性，再将已经封堵的出浆孔打开，待灌浆料再次流出后逐个封堵出浆孔。所有灌浆料应自加水算起在 30 min 内用完，对散落的灌浆料不得二次使用，剩余的灌浆料拌合物不得再次添加灌浆料或水混合使用，否则灌浆料报废。对问题构件和套筒位置做好标记并记录。

4. 漏浆

表现形式：一般表现为灌浆泵压力灌浆时，从排浆孔以外的地方出现一处或多处漏浆。

形成原因：弹性嵌缝材料有断点，导致压力注浆时，浆料从断点处渗出；坐浆料封缝后未达到要求强度便开始灌浆作业，导致仓体破坏；木枋或钢板封缝，紧固程度不够。

预防措施：嵌缝材料必须为整根，无断点，并粘贴在指定位置；坐浆料封堵完成养护 1d 后方可进行灌浆作业；木枋或钢板封缝的，应在灌浆前复查紧固程度。

处理方式：灌浆时应时刻观察整个仓体有无漏浆，特别是背面和侧面；发现漏浆时，应先暂停灌浆作业（但不得超出灌浆料自加水起 30 min），再迅速采取措施封堵漏点；待漏点无渗漏时说明已封堵完成，最后保持缓慢、匀速灌浆。再次灌浆时，应保证已灌入的浆料还有足够的流动性，再将已经封堵的出浆孔打开，待灌浆料再次流出后逐个封堵出浆孔。对问题构件和漏浆位置做好标记并记录。

5. 出浆孔内浆料不满

表现形式：灌浆作业完成，浆料凝固，取下橡皮塞后，出浆孔内浆料明显不足。

形成原因：出浆孔出浆还未饱满，就安装橡皮塞；仓体内浆料下沉。

预防措施：出浆孔出浆呈柱状时，再安装橡皮塞；灌浆料制备时应将气泡排完，以免灌浆完成后浆料下沉。

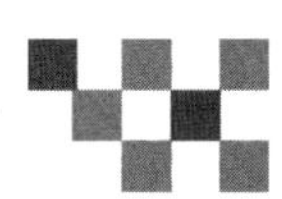

处理方式：用细嘴灌浆机，对不饱满的出浆孔依次补浆；对补浆套筒的构件和位置做好标记并记录。

6. 其他无法检测的缺陷

表现形式：现场人员行事粗糙、作风懒散，浆料实体强度、密实度不够。

形成原因：人员工作能力、综合素质低下；雨雪天气灌浆作业；从多个连通接头灌浆的，从相邻两个灌浆口同时灌浆，导致仓内窝气，仓内浆料无法充满。

预防措施：灌浆施工人员须经专业技术培训，考试合格并取得 JM 水泥灌浆钢筋连接技术操作上岗证后，方可持证进行灌浆施工作业；构件安装之前将基层清理干净，温度较高时还应洒水湿润基层，但不得留有积水；灌浆孔必须全部饱满出浆，并且是先下孔出浆，再上孔出浆；同一仓体只能有一个灌浆孔；灌浆完毕，立即用水清洗搅拌机、灌浆泵、灌浆枪等器具，禁止干固后的浆料再混入新拌制的浆料中。

处理方式：工序不可逆，应将问题解决在发生之前。

7.5　成品保护

（1）交叉作业时，做好工序交接，不得对已完成工序的成品、半成品造成破坏。

（2）在装配式混凝土建筑施工全过程中，应采取防止预制构件、部品部件及预制构件上的建筑附件、预埋件、预埋吊件等损伤或污染的保护措施。

（3）预制构件饰面砖、石材、涂刷、门窗等处宜采取保护措施。

（4）连接止水条、高低口、墙体转角等薄弱部位时，应采用定型保护垫块或专用式套件作加强保护。

（5）预制楼梯饰面应采用铺设木板或其他覆盖形式的成品保护措施。楼梯安装后，踏步口宜铺设木条或其他覆盖形式保护。

（6）预制构件、预埋件的水电及设备管线盒裸露于构件外表面的，应贴膜或胶带予以保护。

（7）遇有大风、大雨、大雪等恶劣天气时，应采取有效措施对存放预制构件成品进行保护。

（8）装配式混凝土建筑的预制构件和部品在安装施工过程中、施工完成后，不应受到施工机具碰撞。

（9）施工梯架、工程用的物料等不得支撑、顶压或斜靠在部品上。

（10）当进行混凝土地面等施工时，应防止物料污染、损坏预制构件和部品表面。

第8章 施工安全生产

装配式建筑施工过程中存在多个施工安全管理难点，例如构件运输、堆放不规范导致的管理难度加大、构件吊装风险较大、现场构件安装的临时支撑风险较大、高空作业、临时用电管理难度大等。为了在施工中避免安全事故的发生，我们需要对危险源进行识别，并针对危险源制定相应的控制措施，以保证施工顺利进行。

8.1 重大危险源识别

只有构件在安全吊装的前提下才能保证构件安装施工的顺利完成，所以识别危险源尤为重要，主要为以下两点：

（1）预埋吊点和外观质量检查。

（2）吊装机械和吊索具的选择和检查。

主要控制措施：起吊前检查吊点处是否完好无损，复核吊点位置是否符合设计要求，检查连墙件处是否有破损。外观质量不应该有严重缺陷，且不宜有一般缺陷；对已出现的一般缺陷，应按技术方案进行处理并重新检验。

吊装前应根据构件的自身荷载复核吊装设备的吊装能力，吊具应当符合起吊强度的要求。应按现行行业标准《建筑机械使用安全技术规程》JGJ 33 的有关规定，检查复核吊装设备及吊具是否处于安全操作状态。

8.1.1 PC 构件出厂/运输

（1）主要涉及：构件在运输车上的固定和市政道路对构件运输的要求。

（2）危险等级：☆☆☆☆[①]。

（3）控制措施：构件装车及固定方式要进行合理设计，严格检查防倾覆措施，保证紧固、

注：① 装配式建筑按发生事故可能性大小将危险源划分为五个等级，即☆～☆☆☆☆☆，危险等级依次由低到高。☆：一级，难以发生，不会造成人员伤害和重大破坏；☆☆：二级，不容易发生，可能造成轻微的人员伤害和轻微破坏，但可排除或在可控制范围内；☆☆☆：三级，较容易发生，会造成人员伤害和中度破坏，必须立即采取控制措施；☆☆☆☆：四级，容易发生，会造成人员伤害以及严重破坏；☆☆☆☆☆：五级，非常容易发生，会造成人员伤亡以及严重破坏。分级依据：危险源引起事故后果的严重程度。

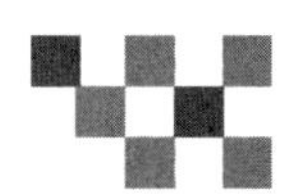

避免倾覆；构件正式运输之前事先对路线进行勘察，仔细了解预先选定路线的路况、条件限制等情况，从而对运输路线进行最后的调整，确定最合理的线路；不得超载运输。

8.1.2 PC构件卸车/码放

（1）主要涉及：装卸车时车辆的稳定性、构件堆放场地的稳定性、构件的存放方法、构件吊装时人员的安全防护。

（2）危险等级：☆☆☆☆☆。

（3）控制措施：根据项目实际情况合理布置运输车道。根据场地和构件需求情况合理布置构件堆场；构件进场前对堆场进行荷载复核，堆放场地应平整、坚实，并应有排水措施。构件支垫应坚实；重叠堆放构件时，每层构件间的垫块应上下对齐；堆垛层数根据构件、垫块的承载力来确定，并应采取相应的防倾覆措施。堆放预应力构件时，应根据构件起拱值的大小和堆放时间采取相应措施。堆放区应采取隔离措施。卸车作业人员必须佩戴安全带、安全帽，作业前由专职安全人员进行检查。

8.1.3 外墙板安装

（1）主要涉及：墙板临时支撑形式的选择，临时支撑的数量、刚度和稳定性计算，墙板锚固连接钢筋位置调整。

（2）危险等级：☆☆☆☆☆。

（3）控制措施：外墙板安装前需要对临时支撑进行必要的施工验算，应根据项目实际情况，制订合理的临时支撑方案，并且严格按照制订的方案施工，保证施工的顺利进行，减少安全事故的发生。在调整墙板锚固连接钢筋位置时不得用手确认接茬口，可用镜子反射查看确认，避免构件下放时夹伤手。

8.1.4 节点位置钢筋绑扎、支模和混凝土浇筑

（1）主要涉及：高处作业和对节点模板支撑的检查。

（2）危险等级：☆☆。

（3）控制措施：高处作业时施工人员必须正确穿戴安全带并系挂于牢靠位置；严格检查节点位置模板的搭设支撑，验收合格后方可浇筑混凝土，杜绝爆模事件发生。

8.1.5 叠合梁板安装

（1）主要涉及：叠合梁板支撑形式选择，间距、数量、刚度和稳定性计算，集中荷载的控制。

（2）危险等级：☆☆☆☆。

（3）控制措施：制订叠合梁板专项安装施工方案，安装前需要对叠合板的支撑进行必要的施工验算，然后进行叠合板支撑搭设，由施工单位、监理单位和建设单位验收合格方可安装。

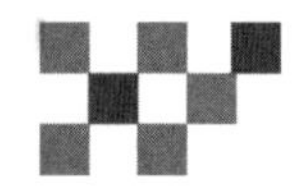

8.1.6 预制楼梯/隔墙板安装

（1）主要涉及：楼梯吊装吊索具选择和检查，楼梯临边作业防护人员，高处作业安全防护。

（2）危险等级：☆☆☆☆。

（3）控制措施：楼梯吊装必须使用楼梯专用吊具，在确保楼梯准确就位的同时保证吊装的安全，临边洞口处搭设护栏并设置警示标志；对作业人员进行安全教育培训，正确穿戴安全保护用具。

8.1.7 叠合板线管铺设、钢筋绑扎、混凝土浇筑

（1）主要涉及：集中荷载的控制。

（2）危险等级：☆☆☆。

（3）控制措施：叠合板面不允许集中堆放材料，如钢筋集中堆放、混凝土集中浇筑等。

8.1.8 灌浆施工

（1）主要涉及：作业人员对机器的操作安全和用电安全。

（2）危险等级：☆。

（3）控制措施：灌浆施工前先检查搅拌机、空压机、压力储浆罐、注浆泵等施工机械是否正常工作和有无漏电等问题，确保作业人员了解相关机械的性能并能熟练使用。

8.1.9 PCF 板安装和钢筋绑扎、支模和混凝土浇筑

（1）主要涉及：PCF 板临时支撑形式的选择，临时支撑的数量、刚度和稳定性计算。

（2）危险等级：☆☆☆☆☆。

（3）控制措施：PCF 板安装前需要对临时支撑进行必要的施工验算，应根据项目实际情况，制订合理的临时支撑方案，并且严格按照制订的方案施工，保证施工的顺利进行，减少安全事故的发生。

8.1.10 构件临时支撑的拆除

（1）主要涉及：节点强度未达到设计强度时拆除临时支撑。

（2）危险等级：☆☆☆☆☆。

（3）控制措施：不同构件都应制定相关的安装施工专项方案，专项方案中应涉及该构件临时支撑的安装和拆除方法，并在现场实际施工中严格按方案执行。

8.2 构件堆码安全技术要求

构件堆码安全总体应符合以下规定：

（1）堆放场地应平整坚实，并应有良好的排水措施。

（2）堆垛层数应根据构件与垫木的承载能力及堆垛的稳定性确定，必要时应采取防倾覆措施。

（3）插放架、靠放架应有足够的强度、刚度和稳定性。下面针对不同构件具体说明堆码安全技术要求。

8.2.1 水平构件

1. 叠合梁

（1）在叠合梁起吊点对应的最下面一层采用宽度为 100 mm 的方木通长垂直设置，将叠合梁后浇层面朝上并整齐地放置；各层在起吊点的最下方放置宽度为 50 mm 通常方木，要求其方木高度不小于 200 mm。

（2）层与层之间垫平，各层方木应上下对齐。堆放高度不宜大于 4 层。

（3）每垛构件之间，伸出的锚固钢筋一端间距不得小于 600 mm，另一端间距不得小于 400 mm。

叠合梁堆放如图 8.2-1 所示。

图 8.2-1 叠合梁堆放

2. 叠合板

（1）《桁架钢筋混凝土叠合板（60 mm 厚底板）》15G366-1 规定：叠合板堆放，堆放场地应平整压实。应将板底向下平放，不得倒置。

（2）多层码垛存放构件时，层与层之间应垫平，各层垫块或方木（长×宽×高为 200 mm×100 mm×100 mm）应上下对齐。垫木放置在桁架侧边，在距板端 200 mm 处及跨中位置均应设置垫木且间距不大于 1.6 m，最下面一层支垫应通长设置并应采取防止堆垛颠覆的措施。

（3）采取多点支垫时，一定要避免边缘支垫低于中间支垫，形成过长的悬臂，导致较大的负弯矩产生。

（4）不同板号应分别堆放，堆放高度不宜大于 6 层。每垛之间纵向间距不得小于 500 mm，横向间距不得小于 600 mm，堆放时间不得超过两个月。

叠合板堆放如图 8.2-2 所示。

（a）效果

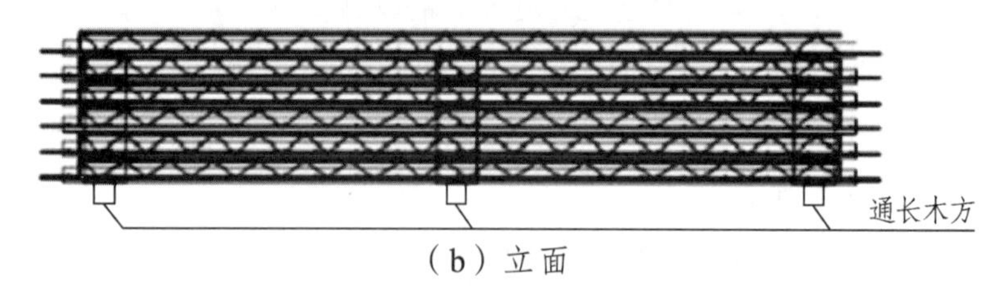

（b）立面

图 8.2-2 叠合板堆放

3. 预应力混凝土双 T 板

（1）《预应力混凝土双 T 板（坡板 宽度 3.0 m）》08SG432-3 规定：双 T 板堆放场地应平整压实，堆放时除最下层构件采用通长垫木外，上层宜采用单独垫木，垫木应放在距板端 200 ~ 300 mm 处，并做到上下对齐，垫平压实。

（2）构件堆放层数不宜超过 5 层。

预应力混凝土双 T 板堆放如图 8.2-3 所示。

图 8.2-3 预应力混凝土双 T 板堆放

4. SP 预应力空心板

（1）《SP 预应力空心板》05SG408 规定：堆放场地应平整压实。

（2）每垛堆放层数不应超过 10 层，总高度不应超过 2 m，垫平垫实，不得有一角脱空的现象。

（3）堆放、起吊、运输过程中不得将板翻身侧放。

SP 预应力空心板堆放如图 8.2-4 所示。

图 8.2-4 SP 预应力空心板堆放

5. PK 预应力混凝土叠合板（带肋）

（1）《预制带肋底板混凝土叠合楼板技术规程》JGJ/T 258—2011 规定：现场堆放场地应夯实平整，防止地面不均匀下沉。

（2）采用板肋朝上叠放方式，严禁倒置。

（3）各层预制带肋板下应设置垫木，垫木应上下对齐，不得脱空。

（4）堆放层数不应大于 7 层，并应有稳固措施。

PK 预应力混凝土叠合板堆放如图 8.2-5 所示。

图 8.2-5 PK 预应力混凝土叠合板堆放

8.2.2 竖向构件

1. 预制剪力墙板

（1）按安装位置以及安装顺序存放，并有明确的标记。堆垛应布置在吊车工作范围内，堆垛之间的宽度为 1 ~ 1.2 m。

（2）水平分层堆放时，应按型号码垛，墙板每垛不宜超过 5 块。应根据各种板的受力情况正确选择支垫位置，最下面一层设置通长垫木，层与层之间应垫平、垫实，各层垫木必须在一条垂直线上。对门窗角部应注意保护。

（3）靠放时，要区分型号，沿受力方向对称靠放。支架应有足够的刚度，并须支垫稳固，防止倾倒或下沉。采用靠架靠放时，应对称靠放，宜将相邻堆放架连成整体，倾斜度保持在 5° ~ 10°。

预制剪力墙板靠放如图 8.2-6 所示。

图 8.2-6　预制剪力墙板靠放

2. 预制柱

（1）预制柱堆放高度不宜超过 2 层。

（2）预埋吊件应朝上，标识宜朝向堆垛间的通道。

（3）由于预制柱自重较重，应对构件自身、构件垫块、地基承载力及堆垛稳定性进行验算，保证堆垛堆放平稳。

预制柱堆放如图 8.2-7 所示。

图 8.2-7　预制柱堆放

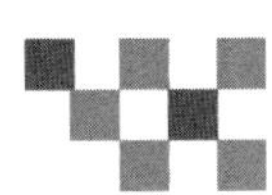

8.2.3 楼梯

（1）楼梯正面朝上，在楼梯安装点对应的最下面一层采用宽度位100 mm的方木通长垂直设置。同种规格依次向上叠放，层与层之间应垫平，各层垫块或方木应放置在起吊点的正下方，堆放高度不宜大于4层。

（2）方木长×宽×高为200 mm×100 mm×400 mm，每层放置4块，并垂直放置两层方木，上下对齐。

（3）每垛构件之间，其纵横向间距不得小于400 mm。

预制楼梯堆放如图8.2-8所示。

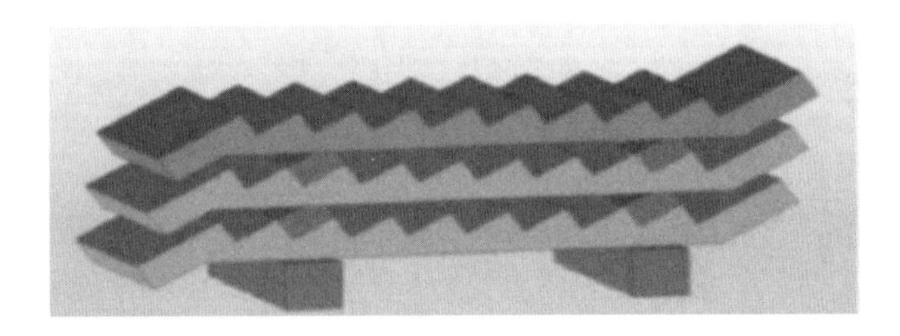

（a）三维图

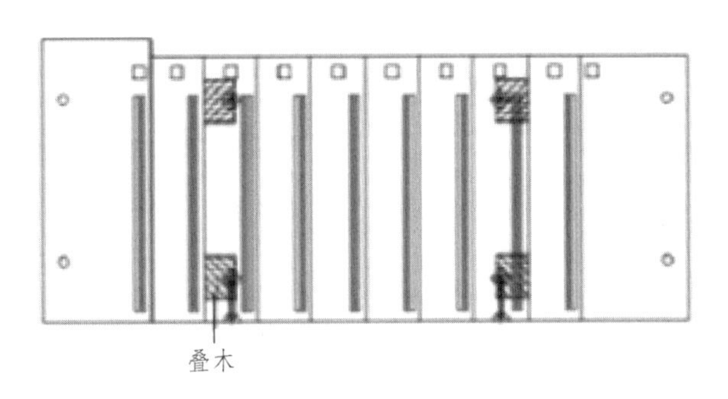

（b）平面图

图8.2-8 预制楼梯堆放

8.2.4 外挂板

（1）支架底座下方全部采用20 mm厚橡胶条铺设。

（2）一字型板采用联排存放，吊装点朝上放置，存放架应有足够的刚度和强度。门窗洞口的构件薄弱部位，应采取防止变形开裂的临时加固措施。

（3）L形板采用直立方式堆放，吊装孔朝上且外饰面统一朝外，每块板之间水平间距不得小于100 mm，通过调节可移动的丝杆固定墙板。

外挂板堆放如图8.2-9和图8.2-10所示。

图 8.2-9 联排存放三维图

图 8.2-10 L 形板堆放

8.2.5 轻质条板+阳台板、空调板

（1）轻质条板采用直立的方式堆放，板的吊装孔朝上且外饰面统一朝向，每块板之间水平间距不得小于 100 mm，通过调节可移动丝杆固定墙板。

轻质条板堆放如图 8.2-11 所示。

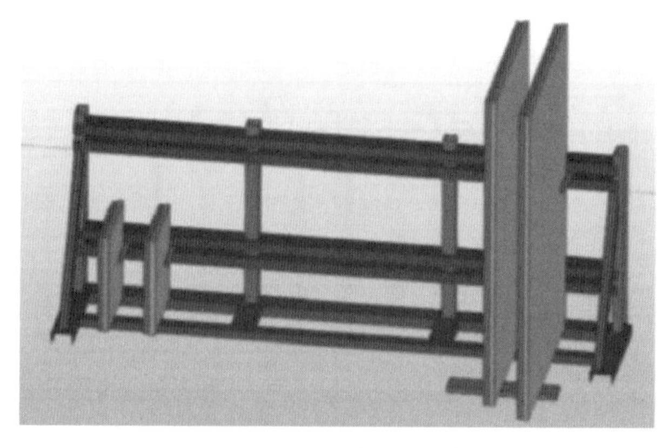

图 8.2-11 轻质条板堆放

（2）阳台板、空调板堆码要求可参考叠合板的堆码要求。

阳台板堆放如图 8.2-12 所示，空调板堆放如图 8.2-13 所示。

图 8.2-12 阳台板堆放

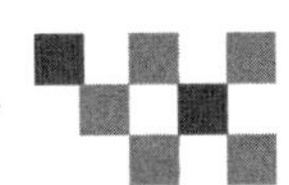

图 8.2-13 空调板板堆放

8.3 构件安装安全技术要点

装配式建筑项目主要构件安装安全技术要点主要从四个方面着手：

（1）临时支撑管理：临时固定措施、临时支撑系统应具有足够的强度、刚度和整体稳固性，应按照现行国家标准《混凝土结构工程施工规范》GB 50666 的有关规定进行验算。

（2）吊装安全管理：

① 吊车司机、指挥人员持证上岗。

② 划分坠落半径，在吊装范围内进行临时性隔离，非作业人员不得入内，设专人监护。

③ 编制合理可行的专项安全方案，审批通过后方可作业。

④ 吊装作业前进行有针对性的安全技术交底。

⑤ 将工程预制构件的形式、尺寸、所处楼层位置、重量、数量等分别汇总列表，作为所选择起重设备能力的核算依据。

⑥ 塔吊等起重设备的附着措施构件宜采用与塔吊型号一致的原厂设计加工的标准构件，精准安装。

⑦ 根据预制构件的外形、尺寸、重量，采用专用吊架来配合吊装的开展，防止吊点破坏、构件开裂。

⑧ 当构件进入施工现场后，要对其吊点进行严格检查，检验都合格后才能起吊。

⑨ 吊索水平夹角不宜小于 60°，不应小于 45°。

⑩ 应采用慢起、稳升、缓放的操作方式，吊运过程应保持稳定，不得偏斜、摇摆和扭转，严禁吊装构件长时间悬停在空中。

⑪ 吊装大型构件、薄壁构件或形状复杂的构件时，应采取避免构件变形和损伤的临时加固措施。

⑫ 五级及以上大风天气应停止吊装作业。

（3）临边洞口作业防护：为防止临边坠物，应当严格按照相关规定要求，使用脚手架或隔离设施在临边洞口处搭设护栏，并用安全网进行围挡；同时，使用颜色醒目的油漆进行涂

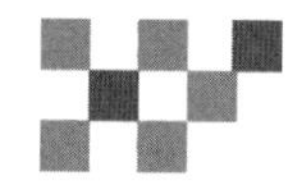

刷，张挂危险部位安全警示标语。

（4）高处作业安全防护：

① 发放安全带、安全绳，进行防高处坠落安全教育培训、监管。

② 预制构件吊装就位后，工人到构件顶部的摘钩作业，可使用移动式操作平台；当采用简易人字梯等工具进行登高摘钩作业时，应安排专人对梯子进行监护。

8.3.1 水平构件

1. 叠合梁

（1）叠合梁的支撑搭设：梁长度 $L>4$ m 时底部不得少于 3 个支撑点，梁长度 $L>5$ m 时底部不得小于 4 个支撑点，如图 8.3-1 所示。

图 8.3-1　叠合梁支撑搭设

（2）叠合梁起吊时，要尽可能减小因自重产生的弯矩，采用合理吊装方式，保证吊点受力均匀，构件平稳吊装。起吊时要先试吊，先起吊距地 500 mm 停止，检查钢丝绳、吊钩的受力情况，使叠合梁保持水平，方可继续起吊至作业板面，如图 8.3-2 所示。

图 8.3-2　叠合梁吊装

2. 叠合板

（1）叠合板临时支撑搭设：叠合板安装前底部必须做临时承重支撑，支撑体系必须牢靠。

支架应在跨中和距离支座 500 mm 处设置由柱和横撑等组成的梁式临时支撑，当轴跨 L<4.8 m 时跨中设置一道支撑；当 4.8 m<轴跨 L<6.0 m 时跨中设置两道支撑。施工过程中，应连续两层设置支撑，待上一层叠合楼板结构施工完成，上层现浇混凝土强度达到100%设计强度时，才可以拆除下一层支撑。上下层支撑时应在一条竖直线上，以免叠合楼板受到上层立柱冲切；临时悬挑部分不允许有集中荷载。叠合板临时支撑布置如图 8.3-3 所示。

图 8.3-3　叠合板临时支撑布置

（2）叠合板起吊时要先试吊，先吊起距地 500 mm 停止，检查钢丝绳、吊钩的受力情况。叠合板起吊时，应采用钢扁担吊装架进行吊装，4 个吊点均匀受力，保证构件平稳吊装，如图 8.3-4 所示。

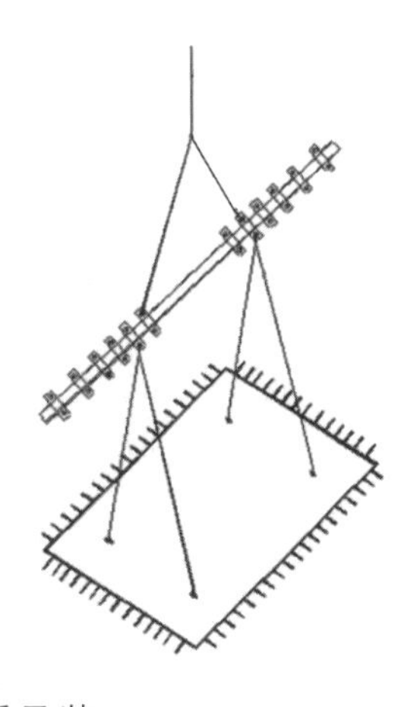

图 8.3-4　叠合板吊装

叠合梁板由于构件自重较大，必须设专人指挥；构件吊装就位时垂直向下安装，在作业层上空 200 mm 处略作停顿，施工作业人员手扶构件调整方向，放下时严禁快速猛放，以避免冲击力过大造成临时支撑变形、撞伤施工人员、梁板面震折裂缝。五级风力及以上应停止吊装作业。

取钩：作业人员站在人字梯上并系好安全带取钩，安全带与防坠器相连接，防坠器要有可靠的固定措施。

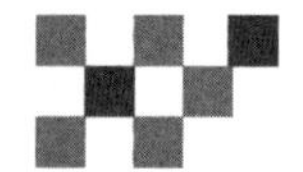

8.3.2 竖向构件

1. 预制墙板

（1）预制墙板吊装应采用慢起快升缓放的操作方式。

（2）预制墙板吊装前应进行试吊，吊钩与限位装置的距离不应小于 1 m，吊装如图 8.3-5 所示。

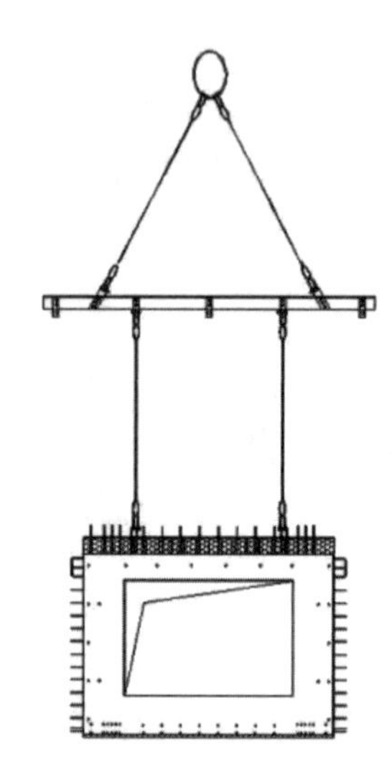

图 8.3-5 预制墙板吊装

（3）预制墙板就位时立即利用可调式的钢管斜支撑将竖向构件与楼面临时固定，每个预制墙板用不少于 2 道斜支撑进行固定，根据墙板的长度确定斜支撑的根数，6 m 以下的墙板布设两根斜支撑，6 m 以上的墙板布设 3 根斜支撑（先两边后中间）。斜支撑安装在竖向构件的同一侧面，斜支撑与楼面的水平夹角不应小于 60°，并应在预制墙板稳定后摘除吊钩，如图 8.3-6 所示。

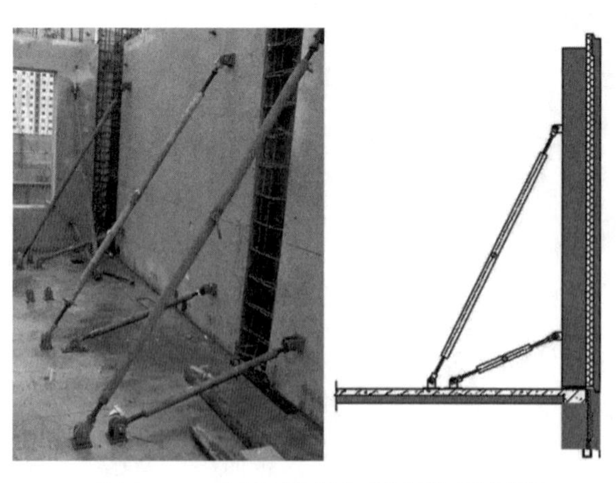

图 8.3-6 预制墙板与楼面临时固定

2. 预制柱

（1）当采用吊车起重机时，因柱自身较重，采用一台起重机无法满足施工要求时，可采

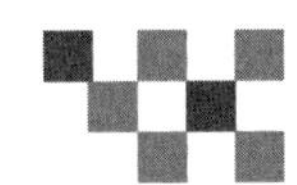

用双机起重抬吊。

（2）采用塔吊起吊时，应慢速起吊、慢速下放，如图 8.3-7 所示。

图 8.3-7　预制柱吊装

（3）吊装就位后应立即架设不少于 2 道斜支撑加以固定，调整预制柱的垂直度，保证预制柱不发生倾斜，确定预制柱支撑牢固后才能脱钩，如图 8.3-8 所示。

图 8.3-8　预制柱临时支撑

8.3.3 楼梯

（1）楼梯梯段就位前，歇台板必须安装完成，梯段支撑面下部支撑搭设完毕并且牢固，梯段落位后可用钢管加托顶在梯段顶部加支撑固定。

（2）预制楼梯梯段应采用专用吊具水平吊装，吊装时通过调节捯链使踏步平面呈水平状态，便于楼梯安装就位。楼梯起吊前，应检查吊耳，并用卡环销紧。

（3）因为楼梯为斜构件，钢丝绳的长度根据实际情况另行计算（下部钢丝绳加吊具长度应是上部的两倍），如图 8.3-9 所示。

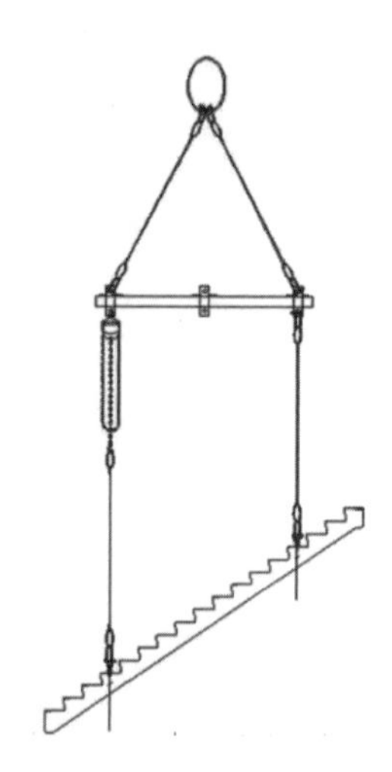

图 8.3-9 预制楼梯吊装

8.3.4 外挂板

（1）根据构件形式及重量选择合适的吊具，若加钢梁吊装需满足外挂板与钢丝绳的水平夹角大于 45°；外挂板上吊钉大于等于 4 个；当外挂吊离地面时，检查构件是否水平，各吊钉受力情况是否均匀，满足条件后方可起吊至施工位置，如图 8.3-10 所示。

图 8.3-10 外挂板吊装

（2）墙体吊装就位后，及时采用螺栓将外挂板与布置在主体的连接件固定，并确定在外挂板固定可靠后拆除吊钩。一般情况下，外挂板布置 4 个连接点，两个水平支座和两个重力

支座。当墙板大于 6 m 时或墙板为折板，折边长度大于 600 mm 时，可设置 6 个连接点。外挂板安装固定如图 8.3-11 所示。

图 8.3-11　外挂板安装固定

（3）外挂板需要施工人员在楼层边缘作业，所以临边防护尤为重要：在临边口搭设护栏、设置警示标识等。

8.3.5　轻质条板+阳台板、空调板

1. 轻质条板

（1）锚固钉固定，在相应位置打孔并安装塑料锚栓件固定，并根据轻质条板实际宽度合理设置锚栓件间距，一般不应超过 600 mm；板与板之间必须用粘结砂浆填满并刮平，保证板与板之间固定牢靠，避免出现由于固定不牢导致轻质条板倾倒的现象。

（2）高处作业时需搭设专业脚手架，并要求作业人员做好高空作业防护工作。

2. 空调板、阳台板

空调板、阳台板安装安全防护措施：悬挑空调板、阳台板安装前应设置防倾覆支撑架，支撑架应在结构楼层混凝土强度达到设计要求时，方可拆除支撑架；悬挑空调板、阳台板施工荷载不得超过设计的允许荷载值。

8.4　脚手架及临边防护安全检查

8.4.1　外脚手架

制订外脚手架搭设专项方案。方案应包含脚手架形式选择和受力分析、计算、架体搭设方式。预制构件上架体、机械设备等的附着受力点应经设计复核同意。常用装配式建筑外架安全检查要点如下：

1. 导轨式附着电动提升脚手架

架体由竖向主框架、水平梁架和架体构架构成，附属设施为附着支撑、提升设备、安全

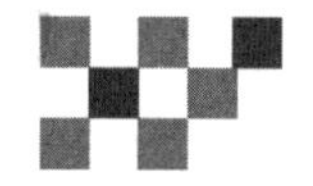

装置和控制系统，如图 8.4-1 所示。

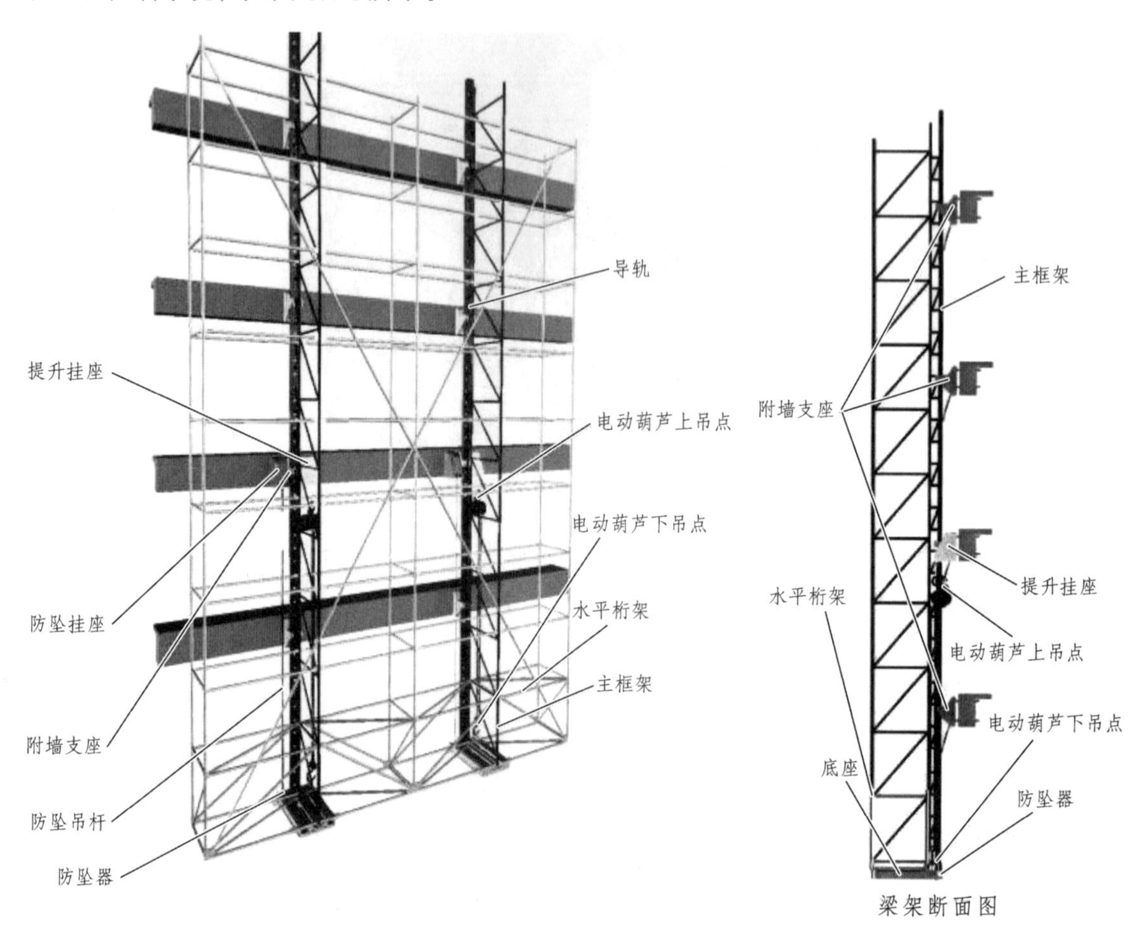

图 8.4-1 导轨式附着电动提升脚手架

导轨式附着电动提升脚手架安全检查技术要点：

（1）提升脚手架应从标准层开始安装搭设，随施工进度逐层搭设至五层提升脚手架开始提升。

（2）附着结构使用工况安装三道附墙支座，提升工况安装不少于两道附墙支座。

（3）提升脚手架以竖向主框架及水平桁架为传力体系采用扣件钢管搭设，脚手架搭设高度为 14.4 m，7 步一栏，按规范搭设剪刀撑。剪刀撑从架体底部向上连续搭设，跨度不大于 6 m，水平夹角 45° ~ 60°，并应将竖向主框架和底部水平桁架连为整体。

（4）脚手架悬挑长度不宜大于 2 m，悬挑长度大于 2 m 的部位以主框架为中心设置对称斜拉杆，其水平夹角应不小于 45°。

2. 外挂架

外挂架由水平防护和垂直防护、三脚架支座组成（需配合预制构件墙体预留穿墙孔），如图 8.4-2 所示。

（a）效果图

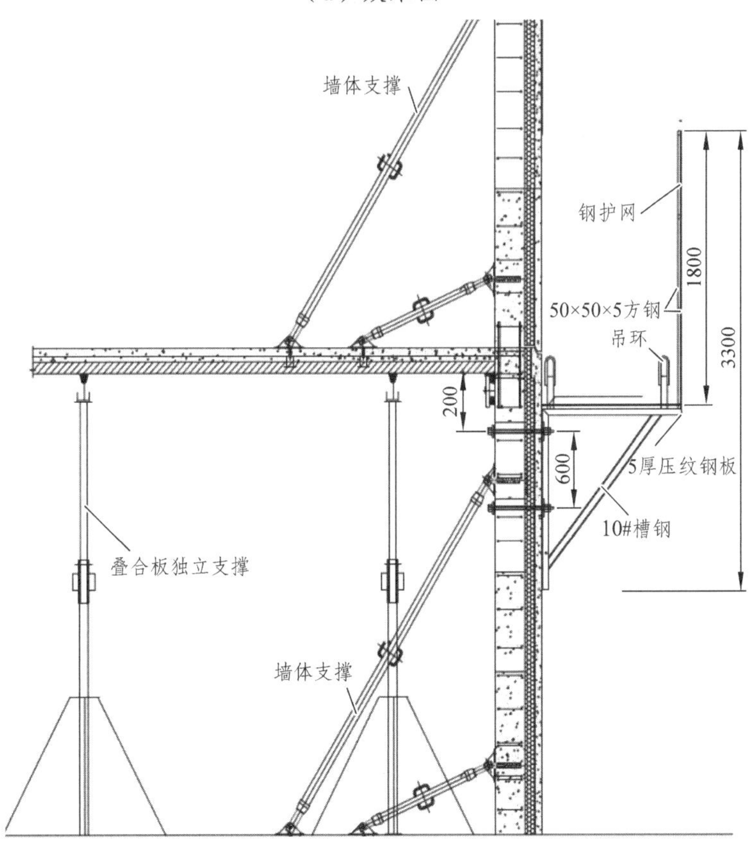

（b）断面图（单位：mm）

图 8.4-2 外挂架安装

外挂架安全检查技术要点：

（1）外挂架操作平台布置 2 mm 厚钢脚手板，脚手板外侧设置 150 mm 高踢脚板。

（2）外挂架立杆间距宜为 1200 ~ 1500 mm，外侧应设置两道大横杆。

（3）相邻两个外挂架之间净间距不应大于 150 mm。

（4）每榀外挂架不应少于两个支座。

（5）安装完成后防雷接地线应与主体结构相连。

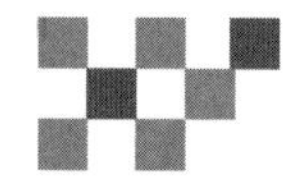

3. 电动桥式脚手架

电动桥式脚手架由驱动系统、附着立柱系统、作业平台系统三部分组成，如图 8.4-3 所示。

（a）效果图

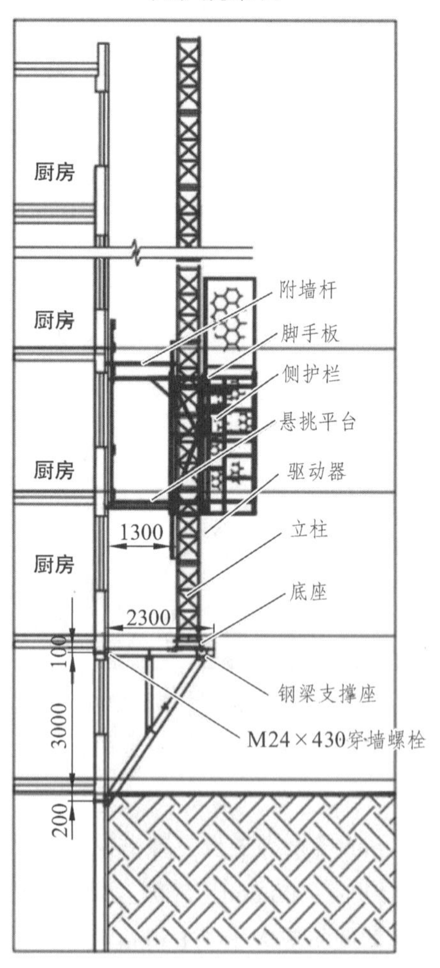

（b）断面图（单位：mm）

图 8.4-3 电动桥式脚手架安装

电动桥式脚手架安全检查技术要点：

（1）平台最大长度：双柱型为30.1 m，单柱型为9.8 m。

（2）最大高度不超过260 m，当超过120 m时必须采取卸荷措施。

（3）双柱型额定荷载不超过36 kN，单柱型额定荷载不超过15 kN。

（4）平台工作面宽度为1.35 m，可加宽范围不超过0.9 m。

（5）立柱附墙间距为不超过6 m。

（6）双柱型允许同时作业人数不超过6人，单柱型不超过3人。

（7）平台宽度不小于0.72 m。

4. 新型悬挑脚手架（花篮式脚手架）

新型悬挑脚手架由型钢支座、穿墙螺栓、套筒拉杆组件组成，如图8.4-4所示。

新型悬挑脚手架（花篮式脚手架）安全检查技术要点：

（1）材料规格及支座焊缝的检查。

（2）悬挑脚手架与建筑物连接部位混凝土强度是否达到要求（设计值的80%以上）。

（3）穿墙高强螺栓品种规格是否符合设计要求。

（4）螺栓、垫板、垫圈、压板不得漏缺。

（5）挑梁间距纵向允许偏差不超过±50 mm，挑梁必须水平且水平度不小于L/1000，挑梁间高差不得超过±20 mm。

（a）效果图

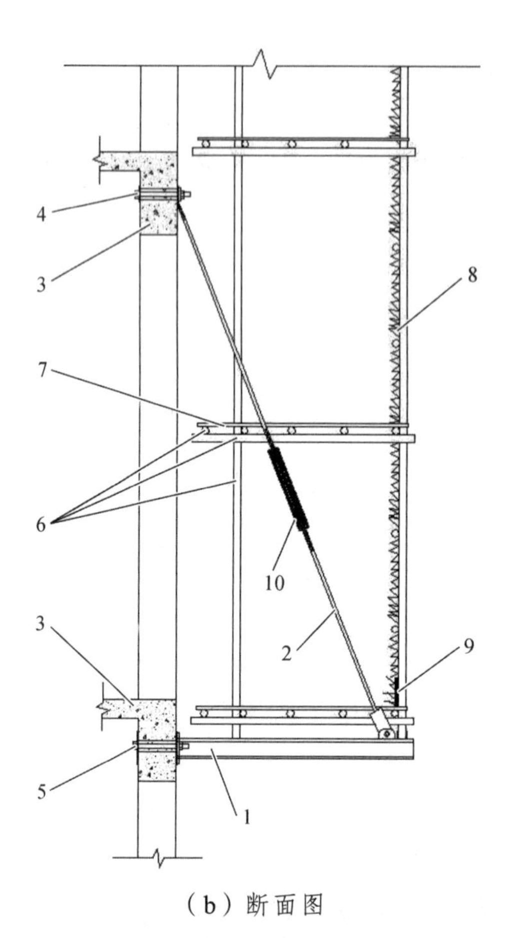

（b）断面图

1—型钢支座；2—螺纹拉杆；3—主体结构；4、5—穿墙螺栓；6—钢管（架体）；7—脚手板；8—安全网；9—踢脚板；10—套筒组件。

图 8.4-4　新型悬挑脚手架安装

8.4.2　临边作业

临边作业应设置临边防护，高处作业设置牢固的安全带系挂位置，登高作业设置可靠作业平台等。安装作业工人应正确穿戴防护用品用具。进行预制构件安装作业的工人应戴好安全帽，临边作业时系好安全带，扶正构件过程中应戴好手套，避免发生擦伤、碰伤。常用临边防护根据护栏固定方式可分为夹具式固定护栏和自攻钉式固定护栏。

（1）夹具式固定护栏检查技术要求：适用于建筑物边缘（阳台板、空调板）有反坎的板；护栏立柱间距不得超过 1.5 m，护栏高度宜为 1.2 ~ 1.5 m。

（2）自攻钉固定护栏检查技术要求：适用于建筑物边缘（阳台板、空调板）无反坎的板；护栏立柱间距不得超过 1.5 m，护栏高度宜为 1.2 ~ 1.5 m。

第 9 章　项目成本管理

9.1　装配式建筑设计费与传统建筑对比分析

9.1.1　设计阶段内容分析

设计阶段应完成所有部品、构件的深化设计，以针对所采用的多种部品、构件进行经济性比较和选择，以提高设计完整度、可控度。装配式建筑的预制构件以设计图纸作为制作、生产依据，设计的合理性直接影响项目的成本。所以，在遵从建筑标准的前提下，要对设计阶段中影响成本的问题进行考虑，如装配式结构体系选择、装配率等。

由于装配式建筑中预制构件需在工厂制作，装配式建筑设计相较于传统建筑，在前期方案策划阶段增加了用于工厂识别的深化设计版块，此部分设计可由原施工图设计单位完成，也可由构件供应厂家完成。深化设计增加的设计费一般在 4 ~ 15 元/m^2。通常状态下，装配率越高，设计费涨幅越大。

与现浇混凝土结构相比，装配式混凝土结构设计水平还有待进一步提高，每个预制构件都需要相应的生产详图，构件详图涉及多个交叉专业（如建筑、结构、水电等），因而各专业设计人员不仅要考虑本专业的内容，还要将构件的模板、配筋以及门窗、保温构造、埋件、装饰面层、留洞、水电管线等信息在详图中逐一表示出来。每个构件的三视图和剖面图以及必要的构件三维立体图、现浇连接构造节点大样图需待各专业设计结束后方可完成。由于预制构件的图纸内容较为丰富，构件生产不需要多专业配合就可以进行，可以避免现浇设计出现的问题。

通过合理化设计，可以提高预制构件标准化程度，从而提高预制构件模板周转次数，以降低预制构件生产成本。

通过与现浇结构对比可知，装配式建筑设计费用明显增高，其原因主要是设计内容增多，设计深度增加，设计更加烦琐。

9.1.2　设计阶段工程成本控制

对于装配式建筑，应加强设计人员培训，培养熟练的设计人才。装配式设计应从设计方

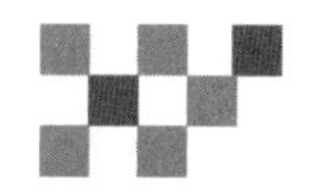

案阶段开始介入，选择适合的装配式结构体系，合理拆分构件，提高构件标准化程度，增加混凝土预制构件模板周转次数，从而降低构件生产成本。

9.2 主要预制构件生产加工成本构成

9.2.1 主要预制构件生产制作过程分析

两种生产方式的差异对比分析：

装配式建筑方式，以预制叠合板为例，构件厂内生产各工序流水线作业，机械化程度提高，构件质量、工程时间、工程造价受天气和季节影响小。质量通病等问题通过工厂预制生产的方式得以有效解决，减少了材料用料成本，提高了经济效益。

现浇方式，结构构件原材料、周转材料和施工措施是主要影响现浇构件价格的因素。现浇混凝土结构施工作业都在现场完成，受环境、场地、气候、人员等因素影响很大，劳动力组织难度大，导致质量、工期难以控制。

9.2.2 构件生产费用分析

通过调研，工厂 2019 年预制叠合板综合单价在 2850 元/m^3 上下浮动，生产成本费用比现浇构件高。预制构件的生产成本包括：构件生产人工费、构件生产材料费、构件生产模具使用费、模具摊销费、构件生产附加费用（管线、预埋件费用）、水电气费、构件缓存费、构件运输费、固定资产摊销、企业管理费、营业税等。

构件生产人工费方面：虽然利用先进的机械设备进行生产，人工用量相对减少，但是由于从事装配式构件生产的工人操作技术不够熟练，造成人工费偏高。

构件生产材料费方面：传统建筑中构件是现场完成，装配式建筑构件于工厂制作生产，两者所用建筑材料没有多大变化，但是工厂生产减少了材料的浪费，所以构件生产材料费用有所减少。

构件生产的模具费用方面：与传统现浇模式相比较，装配式混凝土结构构件在工厂内依照标准化的工艺生产流程，从模具安装到钢筋绑扎，再到混凝土浇筑、养护，最后预制构件形成成品，整个构件生产过程，需要大量的模具，预制构件的种类越多、形式越复杂，其模具的成本也会越高。

模具摊销费方面：模具的种类及周转次数都与构件生产过程中成本增量有较大的关系，对于预制构件的不同种类选择，生产过程中的模具数量也相应地变化。预制构件的种类越多、形式越复杂，模具的成本也会增加。

构件生产附加费用（管线、预埋件费用）方面：在预制构件制作的同时，构件内的管线预埋也增加了部分费用，但影响不大。

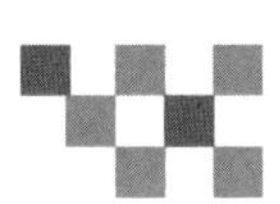

水电费方面：构件在工厂集中生产，耗电量、用水量比传统作业方式更低。

构件存放与管理费用方面：现浇建筑中混凝土构件振捣养护之后直接组成建筑实体，不需要进行构件的存放与管理；在装配式结构中，构件生产养护之后，需进行临时存放和管理，此项费用相对现浇结构为额外增加费用。

预制构件运输费用方面：运输费用在预制构件生产成本方面占有很大比例。预制混凝土构件形态多样，部分尺寸较大的不易运输，对车辆运输要求较高，运输路线需根据工厂和施工地合理进行选择。

9.2.3　降低构件生产成本的方法和途径

（1）提高预制构件的生产技术。使用流水线生产不仅能够降低工人的劳动强度，而且能够优化产品质量、提高生产效率。模板采用螺栓连接进行组装可以延长模板的使用寿命、提高生产率、减少摊销、降低成本。

（2）发展高效的清洁生产技术。与固定的工厂合作生产构件，可以减少建筑垃圾及废弃物的分散排放，响应了国家走可持续发展及环保道路的号召。

（3）提高预制构件节能生产技术。使用温控养护可以节省能源、增加模板周转次数、缩短工期，从而降低构件成本。在工厂制作构配件，实行的是标准化工厂生产，“量体裁衣”，人力、原材料、时间、工序方面的费用都可以节省，减少浪费。

（4）深化构件生产工艺。对预制构件进行更加深入的研究，提高构件本身各方面的性能。

装配式结构建筑的土建造价组成与上述传统方式一样，不仅包括现浇式混凝土结构直接费中的人工费、材料费、机械费和措施费，还包括预制部件产品的制作费、搬运费和现场装配费等过程成本，这些过程成本高低对工程造价起决定性作用。

通过对预制构件工厂的调查研究可知：预制构件出厂价格包括材料费、人工费、模具费、工厂设施摊销费、运费、利润、营业税等；预制产品的运输费主要是预制构件从生产现场搬运到施工现场的成本、临时存放费和施工现场的两次搬运成本；现场装配费包括预制产品竖直搬运费、装配人工成本费、专项用具摊销费（包括部分现浇结构现场的人材机成本）；措施费指的是模板、脚手架成本，若建筑产业化水平较高，可大大缩减脚手架和模板成本费用。

通过对比两种不同施工方式的成本可知：由于施工工艺不同，组成直接费的因素大不相同。经以上分析比较得出，两种不同的施工工艺对两种方式的直接费影响不同。要想降低装配式结构建筑工程的成本，需要从PC构件成本组成因素着手，如降低PC构件制作费、搬运费和现场安装费等；若要使装配式建筑的直接费低于现浇结构成本的直接费，就要从预制建筑结构的用途分类、施工方法、搬运方法和装配费用角度考虑，可以采取改善施工方法、节约材料、提高效率等措施，从而减少装配式结构建筑建造费用。

9.2.4 增量成本组成分析

1. 成本减少部分

1）砌筑工程

因大部分项目均采用预制内墙板，虽然现场还有砌筑工作，但其工程量低于传统现浇方式，在综合单价没有太大差异的情况下，装配式混凝土建筑工程这部分费用有所减少。

2）措施费

由于使用预制构件，装配式混凝土建筑工程施工过程中现场模板及支撑、工程量大幅减少，降低了模板费用；如使用液压升降整体脚手架，还可降低外脚手架费用。

3）抹灰工程

由于预制构件、预制内墙板是工厂制作，其平整度优于现浇结构、砌筑填充墙，只需进行简单的勘平找补即可，表面无须抹灰，可节省抹灰费用。

2. 成本增加部分

1）钢筋及混凝土用量

（1）构件拆分后拼接部位连接钢筋和加强钢筋用量增加。

（2）叠合板、叠合墙、预制梁、预制柱等尺寸大于现浇结构。

（3）叠合楼板、叠合剪力墙的桁架筋增加了用钢量。

2）运输费用

构件的运输费为预制构件从生产工厂运到施工现场的费用，与运输方式和运输距离密切相关，如按运距 100 km 以内考虑，预制构件的运输费用的经验数据为 180 ~ 200 元/m^3。

3）预制构件吊装费用

预制构件吊装费用主要是构件垂直运输费、构件安装费、专用工具摊销等费用，以单体预制装配率 30%的项目为例，预制构件的吊装费用约为 370 元/m^2。

4）机械费

预制构件一般尺寸和重量较大，传统的塔吊等机械无法满足要求，而大型机械的个性化需求提高了设备的租赁成本。此部分费用可通过优化构件设计，进而优化塔吊型号，从而降低成本。

5）税费

预制构件或部品作为建筑产品，需要缴纳 16%的增值税。

国标 A 级（装配率为 60% ~ 75%）的装配式建筑成本增量分析如表 9.2-1 所示。

表 9.2-1 装配式成本增量（国标 A 级）

评价项		评价要求	评价分值	A 级分值（60%～75%）	措施	增量区间	备注
主体结构（Q_1）50 分	柱、支撑、承重墙、延性墙板等竖向构件	35%≤比例≤80%	20～30	20	部分外墙和内墙采用钢筋混凝土预制构件	108.37 元/m²	普通预制剪力墙，不含保温和外叶板
	梁、板、楼梯、阳台、空调板等构件	70%≤比例≤80%	10～20	20	80%以上水平投影面积的水平构件采用钢筋混凝土预制构件	87.66 元/m²	预制楼梯、预制叠合楼板、预制叠合阳台板
围护墙和内隔墙（Q_2）20 分	非承重围护墙非砌筑	比例≥80%	5	5	非承重围护墙采用加气混凝土轻质外墙板	21.44 元/m²	
	围护墙与保温、隔热、装饰一体化	50%≤比例≤80%	2～5	0			
	内隔墙非砌筑	比例≥50%	5	5	内隔墙采用轻质内隔墙板	32.15 元/m²	采用改性石膏或加气混凝土轻质内墙板
	内隔墙与管线、装修一体化	50%≤比例≤80%	2～5	0			
装修与设备管线（Q_3）30 分	全装修	—	6	6	按装修标准实施		
	干式工法楼面、地面	比例≥70%	6	0			
	集成厨房	70%≤比例≤90%	3～6	0	按装修标准实施		
	集成卫生间	70%≤比例≤90%	3～6	6	按装修标准实施		
	管线分离	50%≤比例≤70%	4～6	0			
除精装修外的成本增量						249.62 元/m²	

9.3 主要预制构件价格信息

根据四川省政府《关于推进建筑产业现代化发展的指导意见》（川府发〔2016〕12 号）和成都市政府《关于加快推进装配式建设工程发展的意见》（成府发〔2016〕16 号）的要求，为促进成都市建筑业转型升级，转变建筑业生产方式，全面提高建筑工程的质量、效益和施工效率，实现建筑业节能减排和可持续发展，结合目前成都市装配式建筑 PC 构件生产实际水平，经收集、测算、分析后，发布成都市装配式建筑 PC 构件的市场参考价，以满足各方计价需求。

预制构件信息价基于以下要求：

到场价包括：钢筋、预埋件（含吊装预埋件、套筒预埋）、混凝土、保温、保温连接件、制作费、模板费、预埋管线、60 km 内的运输费、上下车费、施工现场堆放费、包装费及构件生产厂家的管理费、利润和税金（含税价）等全部费用。

混凝土为可调整材料：混凝土基价按 350 元/m^3 考虑，PC 构件（含保温）混凝土用量按构件结构尺寸乘以 0.85 计算，PC 构件（不含保温）混凝土用量按构件结构尺寸计算。

钢筋为可调整材料：钢筋基价按 3000 元/t 考虑，钢筋用量不同时应根据构件图算量进行调整。

PC 构件价格包含施工现场构件卸车及堆放费 45 元/m^3（含税价）。

含税价格均包含增值税，增值税税率按 13%计取；不含税价格综合按 13%增值税扣除。

2019 年成都市主材价格走势如图 9.3-1 所示。

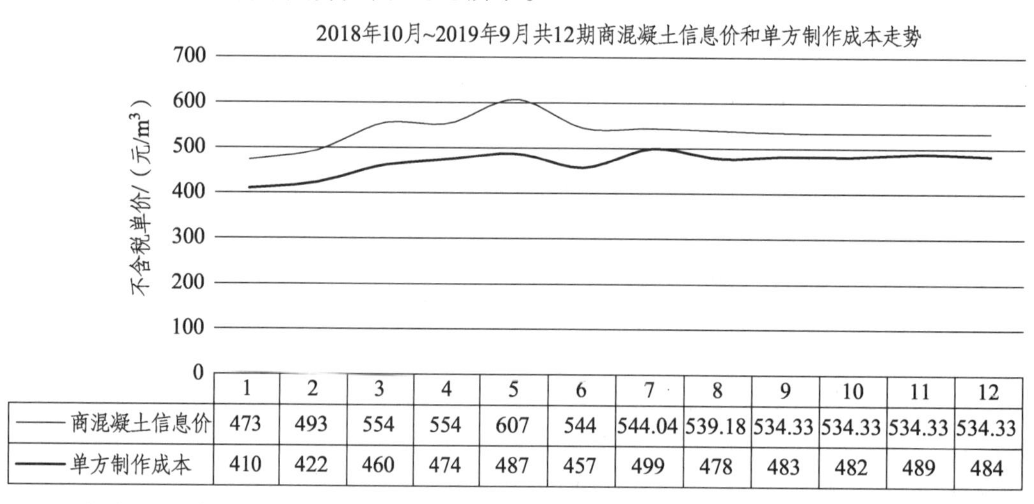

	1	2	3	4	5	6	7	8	9	10	11	12
商混凝土信息价	473	493	554	554	607	544	544.04	539.18	534.33	534.33	534.33	534.33
单方制作成本	410	422	460	474	487	457	499	478	483	482	489	484

（a）2018 年 10 月—2019 年 9 月共 12 期商混凝土信息价和单方制作成本走势

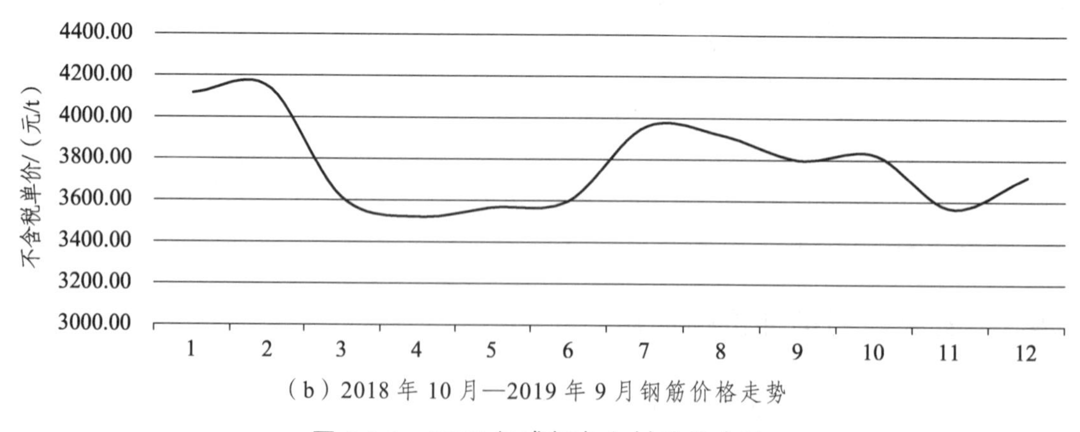

（b）2018 年 10 月—2019 年 9 月钢筋价格走势

图 9.3-1　2019 年成都市主材价格走势

2019 年预制叠合板 60 mm 钢筋含量 280 kg/m^3，不含税市场价为 2696.87 元/m^3；2020 年预制叠合板 60 mm 钢筋含量 150 kg/m^3，不含税市场价为 2512.39 元/m^3。2019 年预制楼梯钢

筋含量 125 kg/m^3，不含税市场价为 2348.76 元/m^3；2020 年预制楼梯钢筋含量 125 kg/m^3，不含税市场价为 2348.76 元/m^3。

9.4 建造成本影响因素

9.4.1 运输阶段

分析建筑建造过程对构件的运输需求，可以制订一个能够高效配合现场施工的运输方案。在施工现场进行首层安装前将第一批预制构件运至施工现场，根据其实际情况选择最优运输方案，使施工现场尽量零堆放或少量堆放；同时，争取减少其工厂存放及现场堆放，在首层安装的同时进行下一批构件的制作，当首层完成安装进入下层安装时能够顺利供其使用。

1. 运输过程成本分析

从构件出厂到现场，应提前做好线路规划，根据路况选择最优的运输路线和运输工具，及时与现场进行沟通配合，对 PC 构件进行简单明了的编号和有序的存放，减少不必要的运费开支。

传统现浇结构建筑材料的购买和搬运较为离散，从而使每次购买费用成本较高。装配式混凝土结构建筑材料的购买和搬运较为集中，需同时考虑预制构件加工厂的位置与预制构件卸料区域和预制构件起吊区域的距离，才能实现运输成本的降低。

装配式混凝土结构构件要由构件工厂运输到施工现场，从而产生的构件运输费用与运输效率有较大关系，受到运输距离、构件自重和大小形状的影响。

为了保证构件能高效地运输，设计初期即应对构件质量和大小形状作充分的考虑，将构件自身质量控制在 5 t 之内，其长度控制在 5 m 以内。

2. 降低运输过程费用的方法和途径

1）制订运输方案

根据运输构件的质量、外形、数量，综合考虑装卸点、运输道路和施工现场情况，选择合适的运输车辆、起重机械、运输路线，制订合理的运输方案。

2）察看运输路线

对运输道路情况，公路桥的允许负荷量，沿途上空有无障碍物情况，以及沿途限高等进行查看和记录，制定应急和预防措施；还应注意沿途的各种铁路情况，避免交通事故。

3）设计并制作运输架

在考虑多种部品能够通用的情况下，查看统计构件外形尺寸和质量，制作各种类型部品的运输架。

4）改善预制构件搬运方法，提高搬运效率

预制构件堆放、运输形式可以为平放、斜放或者立放，选择合理的方式，提高构件堆放、运输效率，以降低成本。

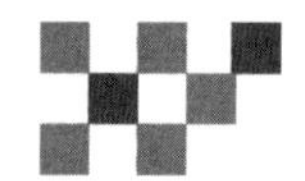

9.4.2 施工安装阶段分析

1. 现场施工阶段成本分析

现场施工阶段成本包括：构件垂直运输费，构件安装人工费，构件安装机械费，为安装构件需要使用的连接件、后置预埋件等材料费，现浇部分的人工费、材料费和机械费等，工具摊销费。

2. 降低现场施工阶段成本的方法和途径

（1）在装配式结构施工中，各工序应合理穿插、流水作业，以缩短工期、降低成本。

（2）应规范现浇结合部位的构件粗糙面质量要求，采用合理的模板和混凝土施工工艺，确保新旧混凝土结合良好，以降低渗漏风险和后期维护成本。

（3）优化建筑方案及结构体系。提高建筑部品的预制率、合理地对建筑部品进行拆分、提高部品制作效率、减小安装难度、优化建筑方案可以降低措施费等，建筑物立面标准化、构件模数统一化可以提高生产率；但构件预制率过高会增加人工费以及连接件的费用，使得安装成本、材料费增加。应综合考虑预制率、装配率指标，确保建造成本可控。

（4）对现场难施工、质量难控制的构件，耗时、费工、耗材的构件可选择在工厂生产，这样既能保证质量、工期，又能降低成本。

9.4.3 施工工期对成本分析

施工阶段是根据设计的图纸开始投入原材料、人力、机械设备、半成品及周转材料，通过具体实施成为工程实体的过程。施工阶段除了计算出来的成本外，还有很多也是影响成本的隐形成本。施工方案不同，工程进度、工程质量、工程成本也会不同。根据不同工程特点及现场实际情况，通过考察调研、专家论证、方案比选，实施过程进行动态控制调整，以确保最后采用的施工方案精益求精，在保证工期、质量的基础上达到控制施工成本的目的。

1. 工期分析

传统现浇结构一层楼施工需要 4 d 左右，电气、装饰、土建等专业不能同时施工，实际一层楼施工时间需要 6 ~ 8 d，由基础到楼层到结构封顶，工程主体施工工期约占总工期的一半。选择合理的装配式结构体系，能够缩短工期，降低施工成本。

2. 工期控制措施

制订符合工程实际的施工进度计划，合理调配施工资源，科学安排作业工序，保证总计划的完成。

（1）建立一支专业的、管理一流的项目管理团队：配备完善的组织机构和较强的技术力量，选用一支总体素质高、操作水平娴熟的劳务队伍；严格按照进度计划要求，确定预制构件到场时间；加大机械化作业水平和机械的投入，对施工班组进行有效的培训，组织好流水作业；根据各施工工序的衔接顺序组织流水施工，采取切实可行的措施连续不间断地施工，避免工期滞后或窝工等现象。

（2）选用科学、先进、切实可行的施工方法和施工手段进行结构安装：为保证施工计划安排，在保证各工序协调进行的同时，多个施工工序的工作面同时进行；合理安排施工段及流水线，使各分项工程交叉进行，可提高施工作业平台利用率；在工程量一定的前提下，提前工期的保证是合理安排各工序之间的衔接，规划好工序交接，缩短间隙时间。

（3）采用成品保护措施：安排好各工种保护成品的工作，已安装好的工程采取有效的保护措施，在工序交叉时不得对其他工种成品造成破坏。保护成品可减少重复修理次数、缩短工期，从而降低成本。

（4）依据计划工期，跟踪工程进度：保证工程规定的计划要求，对出现的不同问题进行原因分析，并提出相应措施进行补救，保证按时完成计划。

9.4.4 钢筋安装与后浇混凝土

装配式混凝土建筑构件钢筋下料、运输和绑扎均在工厂车间进行，管线预埋、模板安装、外架搭设等工作不会造成钢筋踩踏变形，易保证施工质量，成本上相对于传统施工有所降低。

装配式混凝土结构后浇区施工方法极为重要，应根据构件类型采用合理科学的施工工艺，例如预制叠合楼板可通过后浇区护板实现浇筑混凝土位置遮挡，且后浇区护板直接可拆卸安装在第一预制构件和第二预制构件上，安装简单。后浇区护板拆卸后可以再次使用，有效地降低了装配式混凝土后浇区的施工成本；同时，缩短了施工时间，提高了施工效率。

9.5 装配式建筑与传统建筑成本对比

对影响装配式混凝土建筑成本的因素进行分析，必须掌握混凝土建筑成本的构成。在建筑工程结构中，无论是传统施工现浇混凝土结构还是装配式混凝土结构，它们的造价成本构成都是一样的，其建筑消耗的主要资源是混凝土、钢筋等，但是由于技术、生产、施工方式等变化引起成本造价有所改变，其各项成本费用所占比例发生很大改变。

通过对比传统施工和装配式施工成本费用组成，可了解装配式建筑成本较之现浇结构的改变。

9.5.1 现浇混凝土结构成本费用组成

现浇混凝土结构成本由直接费、间接费、利润、规费、税金组成。其中：结构直接费在传统施工成本支出中占有较大比例，是成本支出的重要组成部分，与成本造价有着紧密的联系；间接费以及利润在可控范围内变化；规费和税金无法自由浮动。

对上述费用组成进行分析可知，在固定的建设标准下，要从人工、材料、机械等方面大幅调整成本价格，降低成本以缩减造价是相当困难的。质量、工期以及成本是相互制约的，想要降低成本可能会影响到建筑的质量以及工期。

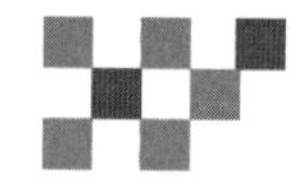

9.5.2 装配式结构成本费用组成

按照最新计价规范规定，装配式混凝土建筑的工程成本由直接工程费、管理费、利润、规费、税金及 PC 构件的生产费、运输费、现场安装费等构成。装配式结构直接工程费中的人工费、机械费可能会与现场安装费中的人工费、机械费重复，材料费可能会与预制构件生产费中的材料费重复，这些一定要提前区分开。管理费和利润按照公司的经营策略和市场综合确定。规费和税金则按照国家规定的税率计取。因此，工程成本只有预制构件的生产、运输和现场安装方面存在调整可能，且其在装配式混凝土建筑工程成本构成中占比较大，对装配式混凝土建筑总体工程成本影响较大。

对装配式混凝土建筑的生产费、运输费和现场安装费再进行拆分：生产费由材料费、人工费、机械设备摊销及损耗费、模板模具费、摊销费、利润和税金构成；运输费用由预制构件运输费、仓库储藏费、二次搬运费及构件损耗费构成；现场安装费由构件吊装机械费、现场安装工人人工费等构成；另外还包含相应的措施费用，如模板费、脚手架费、安全文明施工费等。

从两种建筑体系的成本构成分析来看，装配式混凝土建筑除 PC 构件的生产 费、运输费、现场安装费外，其余费用类型和现浇混凝土建筑是一样的。对已有研究资料的分析也表明，装配式混凝土建筑成本高的主要原因是其预制构件的生产制作、运输及施工安装费用较高，见表 9.5-1。

表 9.5-1 装配式混凝土建筑与传统现浇结构增量成本分项对比

增加的费用	减少的费用
预制构件设计费	现浇施工人工费
预制构件生产费	现浇施工机械费
预制构件运输费	砌筑工程费
预制构件安装费	抹灰工程费
	措施项目费

9.6 装配式混凝土建筑和现浇混凝土建筑主要构件成本分析

9.6.1 楼（屋）面板体系经济性分析

1. 装配式叠合楼板的造价分析

某项目案例楼板厚度设计值为 130 mm，其中预制叠合板厚度为 60 mm，现浇混凝土面层为 70 mm，楼板板缝采用现浇形式，与现浇混凝土面层同时浇筑。现浇混凝土强度等级为 C30，受力钢筋为 HRB400E，上排板底筋为 ϕ8@500，下排板底筋为 ϕ8@500。

根据《成都市建设工程材料信息价》（2021 年）第 7 期信息价得出的装配式叠合楼板的材料用量及其造价为：

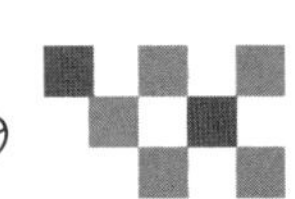

（1）装配式叠合楼板中现浇混凝土叠合层的混凝土用量及费用情况如表9.6-1所示（建筑面积451.62 m^2）。混凝土采用商品混凝土，本项目使用的C30混凝土价格暂按最新市场价格483元/m^3计取。

表9.6-1 装配式叠合楼板现浇混凝土叠合层混凝土用量及费用

混凝土工程量/m^3	单方成本/（元/m^3）	总造价/元	造价组成/元					单位面积混凝土用量/（m^3/m^2）
			人工费	材料费	机械费	管理费	利润	
31.61	698.08	22 066.31	4610.00	15 267.63	131.18	1167.67	889.82	0.07

则装配式叠合楼板现浇混凝土叠合层的混凝土折合单位建筑面积造价为：22 066.31/451.62=48.86元/m^2。

（2）装配式叠合楼板现浇混凝土叠合层钢筋用量及费用（含钢筋加工、绑扎安装）如表9.6-2所示。项目使用的受力钢筋材料价格按近期市场价格取4829元/t。

表9.6-2 装配式叠合楼板现浇混凝土叠合层钢筋用量及费用

钢筋工程量/t	钢筋综合单价/（元/t）	总造价/元	造价组成/元					单位面积钢筋用量/（kg/m^2）
			人工费	材料费	机械费	管理费	利润	
4.11	7490.04	30 784.0644	6601.34	19 847.19	660.16	2194.46	1480.93	9.1

则装配式叠合楼板现浇叠合层单位建筑面积钢筋成本为：30 784.06/451.62=68.16元/m^2。

（3）装配式叠合楼板叠合板（钢筋含量130 kg/m^3）的工程量及费用（含叠合板采购及安装费）如表9.6-3所示。

表9.6-3 装配式叠合楼板叠合板用量及费用

叠合板工程量/m^3	单方成本（元/m^3）	总造价/元	造价组成/元						单位面积叠合板用量/（m^3/m^2）
			人工费	材料费	机械费	管理费	利润	加工厂摊销	
27.1	2665.5	72 235.05	19 499.5	24 387.73	916.59	4245.16	3528.83	13 265.66	0.06

则装配式叠合楼板叠合板部分单方成本为：72 235.05/451.62=159.95元/m^2。

项目案例中标准层装配式叠合板总成本汇总如表9.6-4所示。

表9.6-4 装配式叠合楼板叠合板各项造价汇总

项目类别	费用合计/元	人工费/元	造价组成/元			利润/元	单位面积叠合板造价/（元/m^2）
			材料费	机械费	管理费		
混凝土	22 066.31	4610	15 267.63	131.18	1167.67	889.82	48.86
钢筋	30 784.0644	6601.336 646	19 847.19	660.156 219 5	2194.464 329	1480.928 232	68.16
预制叠合板	19 499.5	30 779.367	916.59	4245.16	3528.83	13 265.66	159.95
合计	72 349.8744	41 990.70365	36 031.41	5036.496 22	6890.964 329	15 636.408 23	276.97

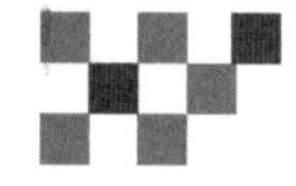

2. 现浇钢筋混凝土楼板造价分析

现浇钢筋混凝土楼板厚取 130 mm，施工阶段需设置模板及支撑。

根据《四川省建设工程工程量清单综合单价》(2008 版）及成都市 2021 年第 7 期信息价得出的全现浇混凝土楼板的材料用量及其造价如下：

（1）全现浇钢筋混凝土楼板中现浇混凝土工程量及费用情况如表 9.6-5 所示（建筑面积 451.62 m^2)。混凝土采用商品混凝土，因近期受扬尘治理影响，混凝土价格波动较大，本项目使用的 C30 混凝土价格选用最新市场价格 483 元/m^3。

表 9.6-5　全现浇混凝土楼板现浇混凝土用量及费用

混凝土工程量/m^3	单方成本/(元/m^3)	总造价/元	造价组成/元					单位面积混凝土用量/(m^3/m^2)
			人工费	材料费	机械费	管理费	利润	
58.71	698.08	40984.28	4610.00	15 267.63	131.18	1167.67	889.82	0.13

则全现浇钢筋混凝土楼板中现浇混凝土单方成本为：40 984.28/451.62=90.75 元/m^2。

（2）全现浇混凝土楼板中钢筋用量及费用（含钢筋加工、绑扎安装）如表 9.6-6 所示。项目使用的受力钢筋材料价格按近期市场价格取 4829 元/t。

表 9.6-6　全现浇混凝土楼板钢筋用量及费用

钢筋工程量/t	钢筋综合单价/(元/t)	总造价/元	造价组成/元					单位面积钢筋用量/(kg/m^2)
			人工费	材料费	机械费	管理费	利润	
6.28	7490.04	47 037.4512	10 086.7139	30 326.12	1008.705 854	3353.098 78	2262.829 512	13.91

则全现浇钢筋混凝土楼板中钢筋单方成本为：39 847.0/451.62=104.15 元/m^2。

（3）全现浇混凝土楼板中模板及支撑用量及费用（含模板加工、安拆等）如表 9.6-7 所示。

表 9.6-7　全现浇混凝土楼板模板用量及费用

模板工程量/m^2	单方成本/(元/m^3)	总造价/元	造价组成/元					单位面积模板用量/(m^3/m)
			人工费	材料费	机械费	管理费	利润	
451.62	165.60	74 788.27	22 794.86	37 167.97	2279.30	7576.41	4969.72	1

则全现浇钢筋混凝土楼板中模板单方成本为：74 788.27/451.62=165.6 元/m^2。

（4）全现浇钢筋混凝土楼板各项造价汇总如表 9.6-8 所示。

表 9.6-8　全现浇混凝土楼板各项造价汇总

项目类别	费用合计/元	人工费/元	造价组成/元			利润/元	单位面积现浇混凝土板造价/(元/m^2)
			材料费	机械费	管理费		
混凝土	40 984.28	4610	15 267.63	131.18	1167.67	889.82	90.75
钢筋	47 037.4512	10 086.7139	30 326.12	1008.705 854	3353.098 78	2262.829 512	104.15
模板	74 788.27	22 794.86	37 167.97	2279.3	7576.41	4969.72	165.6
合计	162 810.0012	37 491.5739	82 761.72	3419.185 854	12 097.178 78	8122.369 512	360.50

3. 装配式叠合楼板与现浇钢筋混凝土楼板的经济指标对比

装配式叠合楼板在施工速度方面比现浇钢筋混凝土楼板更快，因为前者的现场混凝土浇筑作业及钢筋绑扎作业较少，不需要现场支设模板及拆除模板支撑。根据定额测算，采用两种不同楼板形式的综合工日消耗数量对比如表 9.6-9 所示。

表 9.6-9　两种不同楼板形式的综合工日消耗数量对比（单层）　　单位：工日

项目类别	钢筋	混凝土	叠合楼板底板安装	合计
装配式叠合楼板	18.5	21.7	22.9	63.1
现浇钢筋混凝土楼板	59.8	51.8	70.0	181.6

由表 9.6-9 可知，与现浇钢筋混凝土楼板相比，装配式叠合楼板单层可节约人工 118.5 工日（一个工日按 8 h 计），因此施工速度也更快。

装配式叠合楼板与现浇钢筋混凝土楼板的经济指标对比如表 9.6-10 所示。

表 9.6-10　装配式叠合楼板与现浇钢筋混凝土楼板的经济指标对比

项目类别	经济指标	钢筋	混凝土	叠合楼板底板/模板支撑	合计
装配式叠合楼板	单位面积用量	9.1 kg/m^2	0.07 m^3/m^2	0.06 m^3/m^2	—
	单位面积成本	68.16 元/m^2	48.86 元/m^2	149.75 元/m^2	276.97 元/m^2
现浇钢筋混凝土楼板	单位面积用量	13.91 kg/m^2	0.13 m^3/m^2	1 m^2/m^2	—
	单位面积成本	104.15 元/m^2	90.75 元/m^2	165.6 元/m^2	360.50 元/m^2

由表 9.6-10 对比可知：

（1）装配式叠合楼板与现浇钢筋混凝土楼板相比，其综合成本比现浇钢筋混凝土楼板低 23.2%（83.53 元/m^2）。

（2）装配式叠合楼板底板及叠合层钢筋综合用量为 130 kg/m^3，现浇钢筋混凝土楼板钢筋用量为 107 kg/m^3，两者相比相差较大。

（3）装配式叠合楼板的工日消耗比现浇钢筋混凝土楼板降低 65.25%。

由此可见，装配式叠合楼板综合效益较高，其造价与全现浇钢筋混凝土楼板 相差不大，是一种值得推广应用的适宜于预制装配式混凝土建筑的楼盖形式。

4. 装配式叠合楼板与压型钢板组合楼板经济性对比

因为在我国钢结构体系建筑的组合楼板设计中，通常仅仅将压型钢板当作永久模板来设计使用，所以其钢筋用量及楼板自重与现浇板相差不大；压型钢板组合楼板其底板为波纹状，需额外采用吊顶装饰，相对于成型后仅需少量抹灰工作的 PC 预应力叠合楼板来说增加了吊顶装修费用；另外，压型钢板底板需做防火防腐处理。据调查统计，现有工程采用压型钢板混凝土组合楼板的费用一般为 160 ~ 200 元/m^2。装配式叠合楼板这种既可以当作模板，又可参与板受力的楼板形式相对于压型钢板组合楼板无疑具有相当大的经济优势。

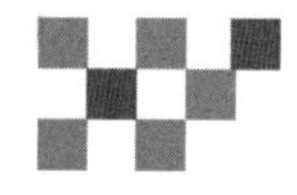

5. 几种楼盖形式性能及综合经济性比较（表 9.6-11）

表 9.6-11 几种楼盖形式对比

类型	装配化程度	楼层净高	吊顶	防火与防腐	管线敷设	施工效率	造价
全现浇钢筋混凝土楼板	无	大	不需要	不需要	现浇板内	大量现场湿作业，施工效率低	较低
压型钢板混凝土组合楼板	较低	小	需要	需要	现浇板内	大量现场湿作业，但省去模板安装工序	较高
钢筋桁架混凝土组合楼板	部分装配化	较小	不需要	不需要	现浇板内	大量现场湿作业，但省去模板安装及大部分钢筋绑扎工序	高
预应力叠合楼板	部分装配化	同现浇板	不需要	不需要	穿孔或板内	湿作业少，钢筋工作量少，施工速度快	较低

通过本节分析可得出：

装配式预应力叠合楼板较全现浇混凝土楼板相比，模板使用量更小，因为不需要支设模板支撑及现场养护，因此可以实现多层同时施工，可提高施工效率。装配式叠合楼板与压型钢板组合楼板相比，楼层净高更大，板底平整度更高，不需要进行吊顶，因而一定程度上可节省装修费用。压型钢板组合楼板需要进行防火及防腐处理，而装配式叠合楼板则不需考虑该问题，且其耐久性不及装配式叠合楼板。由此可见，装配式叠合楼板是一种性价比较高的楼板形式，具备装配式混凝土楼板的多项优点，体现了装配式混凝土建筑在建筑行业中的应用价值。

9.6.2 装配式混凝土建筑和现浇混凝土建筑总造价分析

国家建筑工业化的发展，推动了装配式混凝土建筑在多个城市的推广，并建立了多个试点项目。由于装配式混凝土建筑较传统现浇混凝土建筑成本更高，对装配式混凝土建筑的发展和应用不利，也对我国建筑工业化的发展产生了直接的影响。

前面对装配式混凝土建筑和现浇混凝土建筑中的楼板成本进行了分析，下面从工程建设总成本角度利用对比方法对装配式混凝土建筑和现浇混凝土建筑进行比较分析。

1. 装配式混凝土建筑总体造价分析（表 9.6-12）

表 9.6-12 装配式混凝土建筑总体造价分析

项目名称	墙	柱	梁	板	楼梯	其他	合计
钢市场价格/（元/t）	4829	4829	4829	4829	4829	4829	4829
混凝土市场价格/（元/m^3）	483	483	483	483	483	483	483
单位体积混凝土内钢含量/（kg/m^3）	125	125	167	107	80	170	129
装配式预制构件供应价/（元/m^3）	3436	3600	3400	2500	2500	3500	3200
装配式预制构件安装费/（元/m^3）	800	800	700	600	600	600	711
供应价和安装合计/（元/m^2）	4236	4400	4100	3100	3100	4100	3911

2. 现浇混凝土建筑总体造价分析（表 9.6-13）

表 9.6-13 现浇混凝土建筑总体造价分析

类别		单位	墙	柱	梁	板	楼梯	其他	合计
含量	钢筋	kg/m²	10	15	15	12	2	3	57
		kg/m³	125	125	167	107	80	170	129
	模板	m²/m²	0.3	0.3	0.3	0.3	0.1	0.1	1.4
		m²/m³	3.2	2.7	3.0	3.2	2.5	4.2	3.2
	混凝土	m³/m²	0.08	0.12	0.09	0.11	0.02	0.02	0.44
材料综合单价	钢筋	元/t	5280	5280	5280	5280	5280	5280	5280
	模板	元/m²	166	166	166	166	166	166	166
	混凝土	元/m³	720	720	648	648	648	648	648
	钢筋	元/m³	660	660	880	565	422	898	681
	模板	元/m³	530	447	497	530	414	696	527
	混凝土	元/m³	720	720	648	648	648	648	648
	小计	元/m³	1910	1827	2025	1743	1484	2241	1865
合价	钢筋	元/m²	52.8	79.2	79.2	71.28	10.6	15.8	301.0
	模板	元/m²	49.8	49.8	49.8	62.20	16.7	16.7	232.6
	混凝土	元/m²	57.6	86.4	58.3	49.68	13.0	13.0	299.6
	小计	元/m²	160.2	215.4	187.3	183.2	40.3	45.5	831.9

3. 预制装配式混凝土结构成本增量随 PC 率变化

装配式混凝土建筑成本增量随 PC 率变化如表 9.6-14、图 9.6-1 所示。

表 9.6-14 装配式混凝土建筑成本增量随 PC 率变化

结构类型		单位建筑面积造价/（元/m²）	增量/（元/m²）
全现浇混凝土结构（PC 率=0%）		831.9	0
装配式混凝土结构	PC 率=20%	982.9	151.0
	PC 率=40%	1147.8	315.9
	PC 率=60%	1320.5	488.6
	PC 率=80%	1513.7	681.8
	PC 率=100%	1721.0	889.1

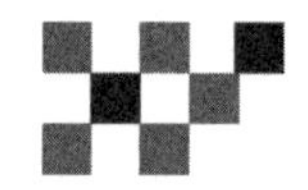

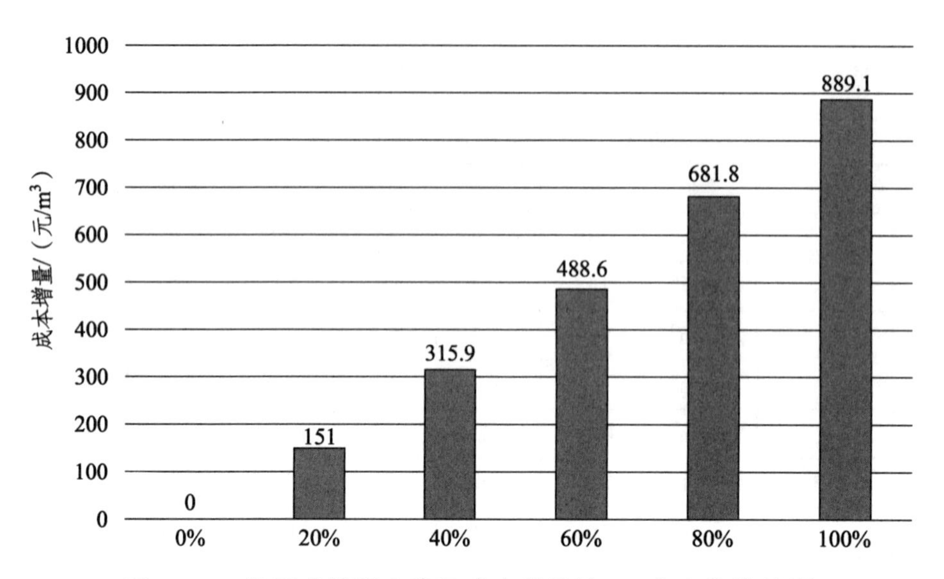

图 9.6-1 装配式混凝土建筑成本增量随 PC 率变化柱状图

从以上图表我们可以看出，装配式混凝土建筑较全现浇混凝土建筑成本增 量随 PC 率增大而增大，且基本上成正比例关系。

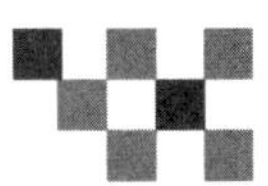

第10章　项目风险管理

10.1　项目风险识别

风险识别是风险管理控制的基础。项目风险识别是指项目承担单位在收集资料和调查研究的基础上，运用各种方法对尚未发生的潜在风险以及客观存在的各种风险进行系统归类和全面识别的过程。装配式建筑项目风险大致可以分为四类，即安全风险、技术质量风险、进度风险和成本风险。项目风险识别不是一次能够完成的，它应该在整个项目运作过程中定期而有计划地进行。

10.1.1　安全风险

与传统现浇建筑工程相比，装配式建筑最大的不同点在于预制构件，这里重点以预制构件设计、生产、施工为主线来分析风险因素。这些风险因素包括：

1. 设计环节影响工程施工安全的风险因素

（1）设计中采用了新结构、新材料、新工艺和特殊结构。设计单位在设计过程中，采用了新结构、新材料、新工艺和特殊结构，生产、施工单位在生产、施工过程中缺乏相应的经验，导致无法预见可能存在的问题。

后果和影响：生产环节有缺陷，施工过程应对不足，导致事故发生。

（2）采用的装配式结构体系、连接节点、构件拆分不合理。设计单位在进行预制构件拆分时，预制构件尺寸过大、重量过重。

后果和影响：增加了施工过程吊运和安装作业风险。

（3）设计文件中未明确临时支撑措施的要求。在设计文件中，对预制构件的临时支撑，设计支撑点或者对支撑要求未明确。

后果和影响：预制构件临时固定不到位发生倾覆。

（4）预制构件中设置预埋件、连接点时，设计单位未对结构安全性进行复核。在施工过程中，外防护架、起重设备等需要附着在外墙上，被附着的外墙有可能是预制外墙板，预制外墙板不可作为附着点。施工单位确定施工方案，进行附着点的深化设计后，应该将方案提交设计单位，设计单位对结构受力安全情况进行复核。

后果和影响：结构受力达不到要求，导致构件或者架体脱落，发生坍塌事故。

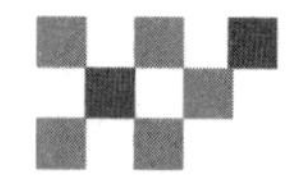

2. 构件在构件厂的生产、堆放、场内转运环节影响工程施工安全的风险因素

（1）生产单位质量保证体系不健全，对出厂的预制构件未进行检验。生产质量保证体系不健全，对预制构件生产质量得不到有效控制（包括预埋件埋深达不到要求、构件未达到设计强度，出厂的预制构件未经检验合格），导致不合格的产品流入市场。

后果和影响：吊装作业时，吊点受力达不到要求，吊点破坏，构件高空坠落。

（2）预埋件的规格参数与构件自重不符。生产过程中预埋件的规格参数小于构件自重的要求。

后果和影响：吊装过程中吊环断裂或螺栓孔拉脱，构件高空坠落。

（3）预制构件吊点位置偏差较大。吊点设计不合理或者生产过程出现较大偏差。

后果和影响：预制构件起吊后不稳，发生伤害。

（4）未对吊点进行有效保护。生产过程中吊点螺栓孔遭污染，或者在出厂未保护的情况下，到现场被污染，致使吊钉不能拧紧到位。

后果和影响：吊钉脱落，构件高空坠落。

（5）未对预制构件易致害部位采取防护措施。对预制构件锐角部位、预留插筋等未设置防护措施。

后果和影响：起吊、运转过程中刮伤、刺伤工人。

（6）构件生产过程中出现安全事故，导致工厂停产整改。

后果和影响：影响项目构件的正常供应，从而对项目管理也会产生影响。

3. 预制构件进场、场内运输、存放过程的安全风险因素

（1）施工单位未对进场的预制构件进行检查验收。预制构件进入施工现场，施工单位未对预制构件生产厂家的质保体系、预制构件质保书（合格证书）、预制构件保护措施等进行检查验收。

后果和影响：不合格的产品进入施工现场，导致事故的发生。

（2）运输车辆不安全行驶。进入施工现场的运输车辆超速行驶、行驶过程中不注意观察。

后果和影响：车辆行驶撞伤工人。

（3）预制构件卸载前，未对卸载条件进行检查。在运输过程中，未对卸载条件进行检查可能导致构件放置出现松动、不稳的情况；预制构件卸载涉及吊装作业，需要设置警戒，防止工人进入危险区域；卸载作业人员到岗、卸载顺序也非常重要。这些都需要在卸载前做好检查。

后果和影响：构件倾覆压伤工人或者掉落砸到工人。

（4）预制构件存放支架不牢靠。预制构件堆放支架未经设计、验收，制作简易，存在缺陷。

（5）预制构件放置不安全。放置在堆放支架上的构件未固定紧，叠放的构件高度过高。

后果和影响：构件滑落、倾覆，压伤工人。

（6）预制构件堆放区未采取隔离措施。预制构件堆放区未采取隔离措施，其他材料混杂

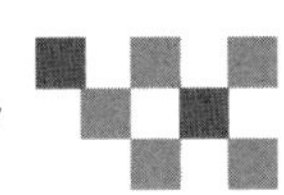

堆放在其中，或者临近有其他作业，或者其他人员随意进入堆放区。

后果和影响：堆放区吊运作业频繁，增大吊运作业碰伤概率。

（7）预制构件存放过程中未做好成品保护措施。

后果和影响：导致构件损坏所带来的施工安全风险。

4. 预制构件吊运过程的安全风险因素

（1）起重机械缺陷。起重机械进场手续不全，起重机械选择型号过小，安装好后未经检测检验，机械保养不到位致使设备故障频发等。

后果和影响：发生起重机械安全事故。

（2）起重机械操作失误。流动式起重机械支腿未支撑牢靠，使用起重机械斜拉、超吊等。

后果和影响：发生起重机械安全事故。

（3）吊索吊具缺陷。吊索吊具质量不合格，吊索吊具疲劳损伤未及时更换，吊索吊具保养不到位锈蚀等。

后果和影响：吊索吊具损坏，吊运中的预制构件掉落。

（4）吊具与吊点连接不到位。吊具与吊点不匹配，无法拧紧；吊点被污染或者里面结冰，无法拧紧；工人操作失误致使拧入深度不够等。

后果和影响：吊运中的预制构件发生脱落。

（5）交叉作业协调管理不到位。水平方向上吊运路线上有障碍物或者多塔运转路线重叠；垂直方向上，吊运路线下方频繁有人员，防护不到位。

后果和影响：吊运过程预制构件碰到障碍物掉落，或者碰伤、砸到下方工人。

（6）警戒设置不到位。起吊或者安装作业下方未设置警戒，人员随意进入。

后果和影响：构件起吊撞伤或者脱落砸伤工人。

5. 预制构件安装过程的安全风险因素

（1）吊装作业未制订专项施工方案而施工。对吊装过程的危险考虑不到位，对安装过程未采取适当的安全措施（包括防护措施、安全作业要求、安全管理要求等）。

后果和影响：安全工作不到位而发生事故。

（2）作业防护措施不到位，如临边作业未设置防护、高处作业无安全带系挂位置、登高作业无可靠作业平台等。

后果和影响：因防护措施不到位而发生事故。

（3）安装作业工人防护用品用具穿戴不到位。进行预制构件安装作业的工人未戴好安全帽，临边作业时未系好安全带，扶正构件过程未戴手套。

后果和影响：发生擦伤、碰伤或者发生高处坠落。

（4）外防护架搭设未制订专项方案。外防护架搭设无搭设方案，未进行受力分析和计算，架体搭设存在缺陷，与建筑连接不可靠，架体施工危险性大，架体防护不到位等。

后果和影响：架体搭设过程发生事故或者架体使用过程出现坍塌。

（5）在预制构件上架体、机械设备等的附着点未经设计复核同意。在预制构件上设置外防护架、卸料平台以及起重机械的附着点，其设计未报设计单位进行受力复核。

后果和影响：预制构件发生受力破坏。

（6）竖向构件临时固定措施不到位。竖向构件就位后，临时固定杆件缺失或者支撑不到位。

后果和影响：发生预制构件倾覆事故。

（7）水平构件支撑系统搭设缺陷。支撑系统未进行专项设计，支撑系统受力不合理，杆件间距、连接不到位等。

后果和影响：支撑系统失稳发生坍塌事故。

（8）临时固定、支撑系统拆除不合理。混凝土强度未达到要求、预制构件尚未形成稳定体系时，拆除临时固定措施或支撑体系；拆除的顺序不合理。

后果和影响：结构发生破坏，发生坍塌。

6. 现场作业人员从构件进场到构件施工安装完毕整个过程存在的安全风险

人员因素是施工安全管理的重要因素：如作业人员隐瞒自己身体健康状况强行上岗的，作业人员的安全意识和技术水平低下的，作业人员对于施工过程中存在的潜在危险不够留意的，特种作业人员无证上岗的，由此引发安全事故的可能性大大增加。

10.1.2 技术质量风险

装配式建筑作为一项在建筑领域正在兴起的新型技术，建造方式发生变化，施工技术较为新型和复杂；现在正处于起步阶段，缺乏与之相适应的质量控制方法，施工经验尚未丰富，在发展过程中暴露出了一系列质量问题。

1. 深化设计时的质量风险因素

深化设计时对现场装配需求考虑不够，或施工单位与生产加工单位在深化设计时沟通不及时，导致构件厂家对构件拆分不合理，造成施工现场连接节点过多，梁柱节点钢筋位置冲突，节点钢筋较密等现象，从而导致施工时无法对混凝土进行有效振捣，造成节点区域出现混凝土不密实的缺陷，混凝土质量难以得到保证。

2. 构件加工生产的质量风险因素

加工生产过程是形成预制构件产品质量的决定性环节，构件质量的好坏决定了装配式混凝土建筑的质量。构件加工生产的质量风险因素包括：

（1）生产过程中质量控制工作欠缺，会出现构件表面露筋、蜂窝、孔洞、夹渣、疏松、起砂、裂纹等。

（2）预留钢筋长度、位置、数量不满足设计要求。

（3）构件尺寸偏差过大、棱角不直、翘曲不平、飞边凸肋。

（4）叠合板板面翘曲、开裂。

（5）叠合板板面桁架筋外露或者预埋件脱落。

（6）浆孔堵塞。

（7）预留洞口位置偏离。

（8）预埋件定位偏差。

（9）预埋管线被压扁、堵塞。

（10）预埋吊环不牢固等缺陷。

（11）预留预埋遗漏。

（12）构件生产所需原材料、预埋件、设备性能不合格，所带来的构件质量风险。

3. 构件在运输、堆放、吊装时的质量风险因素

（1）构件运输、堆放过程不当，容易产生掉角、裂缝、外露钢筋弯折及位移，墙板表面龟裂，板面缺角掉棱，预留孔洞局部破损，预埋件变形、丢失等问题。

（2）在运输或现场堆放期间发生倾倒或磕碰导致构件损坏。

（3）在吊装过程中未按设计要求吊装，因受力不均和挠度过大产生裂缝或构件折断、预制构件装饰面损坏等问题。

4. 构件安装定位的质量风险因素

（1）预留钢筋定位偏差，长度不一，特别是采用钢筋套筒灌浆和浆锚搭接连接时，预留钢筋与套筒无法精准对接，导致安装困难，甚至无法插入。

（2）不能准确、有效地测量定位，导致PC构件安装期间碰坏钢筋或相邻的其他混凝土部件。

（3）构件安装存在偏差，导致结构偏差超出规范要求等问题。

5. 构件连接的质量风险因素

构件的连接是形成建筑实体的最重要过程，连接质量的好坏直接影响装配式建筑的质量，常见的问题有：

（1）坐浆不饱满、过饱满、跑浆，垫块移位。

（2）预制墙板底部及楼板连接部位开裂。

（3）插入钢筋被人为弯折或直接切断。

（4）连接套筒或搭接孔灌浆不饱满等，结合部位、结合面开裂。

（5）后浇层表面出现裂缝、漏浆，内部混凝土不密实、有缺陷。

（6）后浇段跑浆、翘曲不平、飞边凸肋等。

以上问题主要是由于：预制构件连接节点施工工艺不完善；节点连接部位钢筋较密，振捣浇筑空间有限，不能有效振捣；结合面处理不当，粗糙面粗糙度不够；预制梁端、墙端梯形键槽不规范，不符合设计要求；等等。

6. 现场作业人员缺乏专业技术的质量风险因素

施工前图纸会审、技术交底、技术培训工作不到位。一线生产安装人员不熟悉装配式建

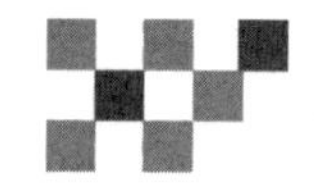

筑操作工艺，质量意识薄弱或能力欠缺而导致施工中的质量问题。例如：工人在现场施工时，脚踩踏预留的钢筋，导致钢筋变形或移位；钢筋无法插入预留孔洞时，对钢筋进行弯折或剪断；预制构件定位偏差时，用撬棍或大锤敲击；等等。这主要是由于工人施工前没有经过专业培训，对预制装配式的现场施工操作工艺还不是很了解，也没有制定完善的规章制度。

10.1.3 进度风险

（1）项目经验不足，缺乏有经验的技术人员，施工过程中出现质量、施工效率低下或成本增加等问题，随着这些问题的不断累积扩大，就有可能出现费用的严重超支、合同索赔争议、重大质量安全事故的影响，从而导致进度拖延。

（2）构件预留预埋缺失或定位不准，会影响后续机电安装、装饰装修施工的进度。

（3）垂直运输设备数量选择、布置位置、选型不合理，对整个工程顺利实施、成本控制、施工效率的提升都有非常大的影响。

（4）装配式建筑项目的采购与传统项目相比具有一定的差异，主要体现在采购对象上，即需要大量采购预制构件，因此预制构件质量的好坏、物流运输的效率以及产量是否能够满足施工需要将直接影响施工质量、施工进度等，如果控制不当将导致工程返工、施工进度滞后，从而造成进度拖延。

（5）在项目施工过程中，如果施工资源提供不及时，如预制构件无法及时提供，或者是由于构件厂对复杂模块的研发周期较长，造成关键建筑部品的短缺，就可能导致项目发生施工费用的增加、索赔争议等，从而导致进度拖延。

（6）项目主要参与方之间如果沟通不畅，就会导致一些项目问题得不到及时的解决，从而造成进度拖延。

（7）当项目信息不能在项目各参与主体之间很好地流通或信息在传递过程中存在丢失、不全面等情况时，就会造成设计方案设计不合理、不能较好地契合项目业主的意图，或者设计方案不能较好地指导施工，进而导致设计变更、施工进度缓慢等问题，如果问题得不到合理解决就会造成进度的拖延。

（8）配套的规范法规不完善也不适用；行业技术壁垒较高，阻碍了技术的交流与进度，就可能导致施工进度缓慢，造成进度的拖延。

10.1.4 成本风险

装配式建筑的成本风险影响因素包括经济风险、技术风险、环境风险、管理风险。表 10.1-1 所列为装配式建筑成本风险影响因素指标体系。

表 10.1-1　装配式建筑成本风险影响因素

风险类	风险项	风险因素
经济风险	价格波动风险	材料价格
		劳动力价格

续表

风险类	风险项	风险因素
经济风险	货币风险	货币政策变化
		利率变化
	采购风险	采购计划及保证措施
技术风险	设计风险	装配率
		PC构件拆分
		建筑形式和规模
	施工风险	施工方案
		施工保证措施
环境风险	地质风险	地质条件
	天气风险	水文气象
管理风险	组织管理风险	组织模式
		组织效率
	合同管理风险	合同形式及完备性
		变更及索赔
	现场管理风险	机械管理
		材料管理
		人员管理

（1）经济风险包括价格波动风险和货币风险。由于材料和劳动力价格逐年上涨，材料价格和劳动力价格波动对装配式建筑成本的影响较大，必须充分考虑价格波动风险和货币风险，对其进行科学合理的风险评估，提前预警，及时控制。

（2）技术风险包括设计风险、施工风险和采购风险。设计方案中的装配率是影响装配式建筑成本的重要因素；PC构件拆分对运输和施工成本的影响较大，不合理的拆分会增加成本；建筑形式越复杂、规模越大，所需构件越多，导致投入更多的人力、物力和财力。施工方案的好坏和施工保证措施的合理性导致施工成本变化。采购计划及保证措施是正常施工的保证。合理规划设计、施工、采购各阶段，可降低成本。

（3）环境风险包括地质风险、天气风险和政策风险。复杂的地质条件给装配式建筑顺利实施带来了风险，水文气象的变化也会使装配式建筑成本波动。目前，国家大力支持装配式建筑的发展，出台了相关规范标准、扶持政策和补贴标准，为装配式建筑发展带来了良好的机遇。

（4）管理风险包括组织管理风险、合同管理风险和现场管理风险。组织管理风险体现在组织模式和组织效率上；合同管理风险体现在合同形式及完备性、变更和索赔上；现场管理风险是指由装配式建筑现场施工阶段的管理不当而产生的风险，主要包括进度、质量管理、机械管理、材料管理和人员管理风险。

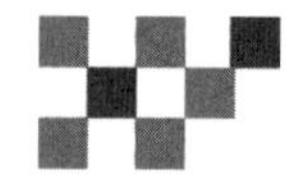

10.2 项目风险控制措施

10.2.1 针对安全风险的控制措施

（1）加强设计和生产环节的源头控制，严格审查装配式结构体系、结构构造、结构拆分、构件重量的合理性。装配式混凝土结构建筑工程施工安全风险存在于工程设计、预制构件生产、构件进场、现场运输、现场存放、构件吊装等各个环节，必须全面做好安全管理工作，才能杜绝安全事故的发生。针对装配式混凝土结构施工的特点，采取事前安全管理措施尤为必要。首先应加强对设计和生产环节的管理，实现源头控制，避免因构件或相关设施自身存在问题，对工程施工造成影响。具体应从以下几方面着手：

① 在工程设计过程中，如果采用新结构形式、新材料或新的工艺技术，必须在设计图纸和相关文件中对其进行详细介绍，充分考虑技术交底以及实际施工的需要，必要时进行试加工、试安装，避免因施工人员对新技术了解不足，出现施工安全风险。

② 在设计过程中，容易因预制构件拆分设计不合理，导致预制构件尺寸和重量过大。因此，应对设计图纸进行严格审核，确保设计的合理性，降低施工操作风险。

③ 在设计文件中应注明临时支撑方式，明确临时支撑点及支撑要求，并详细设计预埋件和连接点等。另外，应对外防护架和其中设备的附着点进行深化设计，核算结构受力安全情况，避免出现架体脱落事故。

④ 在预制构件生产过程中，预制构件吊点的位置和数量设计必须合理，并经验算强度满足预制构件吊装要求，避免吊装时出现构件开裂和吊环断裂，引发高空坠落。

（2）对预制构件的进场、运输和存放进行科学管理。预制构件的运输和现场存放环节存在较大的危险性，且容易被忽视。在安全施工管理过程中，应做好以下几方面的工作：

① 在预制构件进场时，对其进行检查和验收，详细查看构件质量合格证书，并审核构件保护方案，不合格的构件一律不准进场。

② 安排专门的现场指挥人员负责对现场运输车辆行驶进行指挥，并控制好运输车辆在现场内的行驶速度，防止发生车辆行驶安全事故。

③ 在预制构件卸载前，应对现场卸载条件进行检查，并及时排除构件松动等隐患问题。涉及吊装作业的区域，要设置警戒线，禁止无关人员进入施工区域。此外还要检查预制构件堆放区的堆放支架施工质量，确保其符合设计要求。

④ 卸载作业人员上岗前必须进行培训，接受技术交底，掌握操作技能和相关安全知识，按规定穿戴好劳动保护用品。

⑤ 卸载时，必须明确指挥人员，统一指挥信号。注意卸载顺序，严格按照构件顺序卸车。

⑥ 在预制构件的现场存放过程中，根据堆放规定控制好构件的叠放高度和叠放顺序，并将其固定牢靠，防止构件出现滑落或倾覆问题。应对预制构件堆放区域进行隔离管理，不与其他材料混放，同时禁止无关人员随意进入。

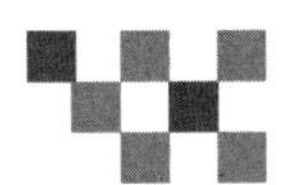

⑦ 做好预制构件存放的成品保护，严格按照构件堆码要求存放，对墙板梁柱四角采用橡塑材料成品护角保护。

（3）强化预制构件吊运过程中的安全风险管理。

① 在预制构件的现场吊运过程中，应排除起重机械设备的自身缺陷问题，在机械设备入场时对其进行仔细检查，确保机械设备型号能够满足现场施工要求。在现场安装好后，对其进行运行试验，并做好机械设备保养工作。

② 起重机械设备的操作人员必须持证上岗，避免出现操作失误问题。现场施工时，将其机械支腿固定牢固，吊装过程严禁出现斜拉和超吊等问题。

③ 加强吊索和吊具检查。在施工过程中，定期对吊索和吊具进行检测，发现疲劳损伤及时更换。应保证吊具和吊点连接的牢固性，提前将吊点清理干净；在冬天施工时还要防止吊点出现结冰现象。

（4）对预制构件安装过程进行跟踪管理。

① 在预制构件安装过程中，应制订专项施工方案，充分考虑吊装过程可能出现的各种安全风险问题，并提前采取安全防护措施。

② 现场吊装作业必须符合安全作业要求，防护措施检查不合格，不能进行施工。应加强对临边作业的安全保护措施检查，高处作业必须佩戴安全绳索和安全帽等防护用具，并在临边设置防护栏和安全保护网。

③ 加强施工现场的安全教育，做好安全技术交底工作，使施工人员提高自我安全保护意识，掌握安全施工技能。

（5）首先确保进入施工现场的作业人员的身体必须健康；对作业人员进行专业的装配式建筑施工教育培训和安全交底，杜绝由于作业人员违规操作引发的安全事故。特种作业人员如吊装司机、吊装指挥、特殊工种应在相关部门学习培训取证后上岗。

10.2.2　针对技术质量风险的控制措施

1. 深化设计的质量风险控制措施

在深化设计过程中要综合考虑各方面因素，根据项目的实际情况，各单位保持及时良好的沟通。

（1）采用新技术、新方式，优化、简化节点连接，方便施工，确保工程质量。

（2）在预制构件拆分设计时，充分考虑施工现状，避免预制构件尺寸和重量过大，确保拆分的合理性，避免在运输和安装时增加难度和费用，并尽可能降低施工操作风险。

2. 构件加工生产的质量风险控制措施

（1）首先应加强所采用原材料的控制，严格执行材料进场复检制度，检验合格后方可使用，确保其质量符合规范要求。

（2）应采用具有足够刚度、强度和稳定性的模具，模具应组装正确，定位准确，满足构件的精度要求。

（3）预埋件、预埋管的定位应准确。

（4）构件成型后，对其外观质量、尺寸偏差、预埋件的位置和数量、粗糙面质量、键槽数量等进行检验，严把质量关，不合格的构件不能运输到施工现场。

（5）预制构件的生产要遵循首件检验制度，合格后方可进行批量生产，同时进场时应提供结构性能检验合格报告。

（6）构件生产设备应定期检修和维护，避免出现设备带病工作的情况。

3. 构件的运输、堆放、成品保护以及吊装的质量风险控制措施

（1）构件运输前应根据不同预制构件的规格和设计受力状态，制订运输方案，保证预制构件不在运输过程中发生损坏。装配式混凝土构件的尺寸一般比较大，而且笨重，预制构件的运输车辆应满足构件尺寸和载重要求；装卸构件时应考虑车体平衡。

（2）在运输和堆放构件时，应采用绑扎或专用固定措施，以防止预制构件移动、倾斜、变形和破损；预制构件堆放支撑点必须上下对齐，堆放层数不能超过相关规定。

（3）做好构件钢筋成品保护，避免出现钢筋被剪断导致锚固长度不足、钢筋过度变形导致强度不足的情况。

（4）吊装时应采取措施控制吊点合力作用点与构件中心重合，并采用吊具控制吊索与构件之间的夹角，保证荷载平衡分配；构件的质量不能超出吊装机械的允许载重。预制构件应采取慢起、快升、缓放的操作方式；应设置缆风绳控制构件转动，以保证构件就位平整。

4. 构件安装定位的质量风险控制措施

（1）加强预埋钢筋定位和尺寸控制，采用高精度仪器设备，提高精度，强化验收。

（2）预制构件吊装前，应根据预制构件的规格、形状、安装位置、施工现场布置情况等条件来制订吊装方案。可采用“起吊→就位→初步校正”的施工顺序，先粗放、后精调的定位方法。

（3）在预制构件吊装就位后，根据预先放好的定位控制线，确定好构件的水平位置及垂直度，再将预制构件上的标高控制线和预先放好的标高控制线对准，调节标高调整卡件，使其达到设计高度。在预制构件的平面外方向上，用撬棍在偏出方向一侧顶部轻推构件，并根据预先放好的侧向定位控制线，确定构件在侧面方向的位置；最后，微调斜撑杆使其精准入位。

5. 预制构件连接的质量风险控制措施

（1）编制专项施工方案，方案中明确预留钢筋长度和位置、坐浆工艺、接缝封堵方式、灌浆料拌合方法、分仓设施、灌浆工序和作业时间节点、持压时间等。

（2）施工前要对工人进行详细技术交底，实行监理旁站制度，必要时可对整个施工过程进行全过程视频拍摄，作为施工单位的工程施工资料留存。

（3）预制构件与后浇混凝土的结合面或叠合面应按设计要求做成粗糙面或键槽，粗糙面可采用拉毛或凿毛处理方法。

（4）连接部位在浇筑前应进行隐蔽工程验收，确保浇筑质量。

6. 现场作业人员缺乏专业技术的质量风险控制措施

加强装配式建筑一线生产安装工人培训，增强施工人员对装配式建筑的认识和了解，掌握了各施工环节的操作规程、质量控制要求，使其施工更加规范化，减少和避免现场施工错误的产生，进而保证预制装配式建筑的质量。

10.2.3 针对进度风险的控制措施

（1）加强对人才的培养和经验的积累。

① 装配式建筑人才的缺乏，总承包企业现有的项目参与人员可以通过培训完善自身知识结构，从而在现有实践经验的基础上，通过新的装配式设计或施工方法的培训，快速将所学应用到项目中。

② 强化知识管理。项目经验的提升是一个渐进的过程，项目的建设过程就是知识不断创造的过程。建设过程的每一个环节都会带来丰富的经验积累，包括技术难点的攻克、人员管理、质量安全等多个维度。因此，需要总承包企业在项目建造过程中强化知识管理，不断在项目迭代中更新知识管理库。

（2）图纸会审、技术交底。

为确保图纸准确有效指导施工，在施工前，应由建设单位组织设计、生产、施工、监理等单位对设计文件进行图纸会审，特别是图纸深化完成后，需对图纸进行仔细复核、校对，并经项目参建各方主体签字确认后提交给构件生产厂商进行模具制作和构件生产；施工单位应准确理解设计要求，根据工程特点，综合协调建筑、结构、安装、装饰等专业编制相互协同的施工组织设计（方案），确定符合本项目各施工阶段的技术措施并做好施工技术三级交底，确保每道工序正确施工，避免返工。

（3）分析吊次和台班费用，计算确定垂直运输机械安装数量；合理设计施工平面布置图，充分考虑垂直运输机械的覆盖范围、距建筑物的距离、群塔施工、方便安拆等方面因素，确定机械安装位置；构件重量、起重高度、回转半径等因素直接影响垂直运输机械选型，在设计阶段即应对装配式建筑构件进行优化配置，有利于垂直运输机械的选型及数量配置。

（4）优化商务招采流程，引进构件战略集中采购单位，减少采购时长，避免由于构件采购滞后而造成工程进度延期。

（5）在预制构件的生产过程中，严格控制预埋管线按图施工，不允许出现预埋遗漏和偏位现象，并且在浇筑混凝土前加强检查。

（6）提高预制构件运输效率和质量，重视预制构件运输前的准备工作。

① 系统科学地设计吊运方案，提前规划运输路线，及时查看运输路线。

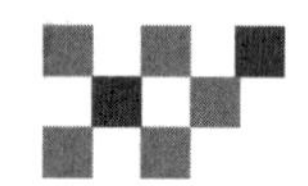

② 吊装运输前应对 PC 构件进行清点检查，形成检查清单。

③ 按照科学简洁的原则对构件进行编码和摆放，构件的摆放应尽可能平放和立放以提高空间利用效率。

④ 预制构件出库之前应对构件质量、型号规格、数量等进行复检，保证构件运输的效率。

（7）提高预制构件吊装、安装效率和质量。

① 选用熟练的起吊工人。预制构件的安装效率直接决定了项目施工的进度，同时安全保证措施要求较高。因此，选用熟练的起吊工人，一方面能够保证构件吊装的效率；另一方面也能够尽可能地减少 PC 构件在吊装过程中出现的碰撞、大幅度摆动失稳等问题，从而保证构件吊装的质量。

② 充分运用 BIM 技术，提高安装效率：利用 BIM 技术进行模拟仿真现场的 PC 吊装及施工过程，检查吊装或施工方案的不合理之处，从而优化流程与方案；预先对安全突发事件进行模拟，达到排除安全隐患、完善安全预案的目的，从而能够有效避免和减少安全质量事故的发生；优化场地布置和车流动线，从而减少构件和材料的二次搬运，其一方面可以保证构件和材料的质量，减少或避免出现碰撞损坏等问题，另一方面也能够达到提高吊装与安装效率、加快项目施工进度的目的。

（8）注重项目 PC 构件计划和现场管理。

① 细化构件采购计划。以 PC 构件吊装计划为核心，计划明确到每一个楼层构件需求量的精度，保持与 PC 构件生产厂的信息畅通。

② 注重 PC 构件现场总平面布置。精确计算塔吊吊距、最大起吊量等参数；合理选择垂直起吊设备的型号，在考虑汽车荷载、道路本身承载能力的前提下，认真规划道路，减少二次搬运。

（9）注重 PC 构件安装质量和效率。

① 严格控制 PC 构件的安装精度。制定严格的工法，确保构件安装精度。

② 注重 PC 构件的安装质量。施工人员要严格按照操作规范操作，保证套筒和灌浆材料的质量合格；做好结构防水设计，在施工过程中做好垂直缝和水平缝的防水。

（10）加强总包对分包的组织、协调及管控力。

① 创新组织、协调沟通渠道。建立项目的信息集成系统，以实现项目主要参与主体的有效沟通为目的，协同工作、信息共享、文件及时有效传递，从而提高项目施工效率。

② 提高总承包商的综合管理水平。总承包商的权责决定了其自身综合管理能力对项目建设高效的决定作用：进度风险控制具体策略的落实离不开项目组织的保障，完善项目的组织保障需要确定合适的组织结构，明确各岗位职责；建立合适的选人用人制度，加强人力资源管理，使得项目拥有一支高效的项目管理团队，从而达到以科学、高效的组织模式为项目的建设进度风险管理助力的目的；加强项目参与人员的进度风险意识，尤其对于项目建设过程中可能对项目目标产生较大不利影响的事件可以采取培训等方式强化风险意识。

10.2.4 针对成本风险的控制措施

1. 控制人工费和材料费

提前做好询价和定价工作，控制材料费。提前优化预制构件的安装工艺，减少脚手架搭建和模板的使用；提高材料性能，降低材料价格；采用现代化机械设备和工业化生产，提高机械化水平，减少人工需求量，提高劳动生产率；预制构件尽可能直接从运输车吊装，减少二次倒运和存放。

2. 重视规范标准，选择合适的装配率

由于装配式建筑技术不成熟，装配率越高会导致成本越高。在设计阶段，应合理选择装配率，合理拆分PC构件。先确保建筑物的使用功能，再满足美观性。在满足国家相关标准的前提下，平衡确定建筑形式和装配率。

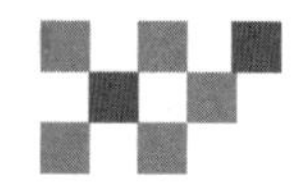

第 11 章 项目专业技能人员管理

《国务院办公厅关于大力发展装配式建筑的指导意见》（国办发〔2016〕71 号）第十四条提道：加大职业技能培训资金投入，建立培训基地，加强岗位技能提升培训，促进建筑业农民工向技术工人转型。

《国务院办公厅关于促进建筑业持续健康发展的意见》（国办发〔2017〕19 号）第十一条提道：加强工程现场管理人员和建筑工人的教育培训。健全建筑业职业技能标准体系，全面实施建筑业技术工人职业技能鉴定制度。

住房和城乡建设部《"十三五"装配式建筑行动方案》第十条"培育产业队伍"中提道：制定装配式建筑人才培育相关政策措施，明确目标任务，建立有利于装配式建筑人才培养和发展的长效机制。开展装配式建筑工人技能评价，引导装配式建筑相关企业培养自有专业人才队伍，促进建筑业农民工转化为技术工人。促进建筑劳务企业转型创新发展，建设专业化的装配式建筑技术工人队伍。

《四川省人民政府办公厅关于大力发展装配式建筑的实施意见》第十六条提道：加强装配式建筑的人才队伍建设。建筑企业充分发挥主体作用，院校和职业培训机构要利用资源优势，改进教学模式和教学内容，加快培养装配式建筑的管理人才、专业技术人才和产业工人队伍。

《四川省人民政府办公厅关于推动四川建筑业高质量发展的实施意见》（川办发〔2019〕54 号）第十三条提道：加快培育产业工人队伍。创新建筑工人职业化发展道路，做好全国培育新时代建筑产业工人队伍试点工作，开展建筑工人职业技能提升行动，加大高素质技术技能人才和产业发展后备人才培育。完善建筑工人职业培训和技能鉴定制度，支持有条件的建筑企业申请职业培训和技能考核鉴定许可，参与职业技能等级认定试点。鼓励企业建立体现技能价值的分配制度。落实企业按照职工工资总额 1.5%至 2.5%提取教育培训费的规定。

11.1 专业技能人员分类

（1）装配式混凝土建筑技术工人均应按本章要求培训合格后方可持证上岗。

（2）装配式混凝土建筑技术工人既包括部分现浇混凝土建筑工，同时又根据其本身的特殊性，增加了部分工种工人。

① 现浇混凝土建筑工包括八大普通工种（模板工、油漆工、钢筋工、混凝土工、架子工、

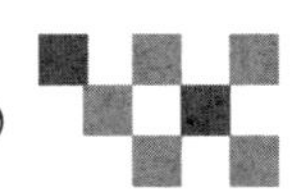

防水工、抹灰工、砌筑工）和特殊工种（如电工、架子工、脚手架升降工、桩工、各类建筑机械操作工、建筑起重司索信号工、电梯安装维修工、钢筋预应力机械操作工、爆破工），其职业资格要求、技能标准、考核标准按四川省住房和城乡建设厅岗位培训相关文件要求执行。

② 增加工种包括两类：一类是施工现场工种，包括构件装配工、灌浆工、墙板组装工、打胶工；另一类是构件加工车间工种，包括构件制作工、预埋工。该部分建筑技术工人职业技能要求、标准、考核宜按本章要求执行。

（3）装配式混凝土建筑技术工人的职业技能等级分为五个等级：职业技能五级、职业技能四级、职业技能三级、职业技能二级和职业技能一级。

（4）装配式混凝土建筑技术工人职业技能各等级应符合以下相应的要求：

① 职业技能五级（初级工）：能运用基本技能独立完成本职业的常规工作；能识别常见的工程材料；能够操作简单的机械设备并进行例行保养。

② 职业技能四级（中级工）：能熟练运用基本技能独立完成本职业的常规工作；能运用专门技能独立或与他人合作完成技术较为复杂的工作；能区分常见的工程材料；能操作常用的机械设备及进行一般的维修。

③ 职业技能三级（高级工）：能熟练运用基本技能和专门技能完成较为复杂的工作，包括完成部分非常规性工作；能独立处理工作中出现的问题；能指导和培训初、中级技工；能按照设计要求，选用合适的工程材料；能操作较为复杂的机械设备及进行一般的维修。

④ 职业技能二级（技师）：能熟练运用专门技能和特殊技能完成复杂的、非常规性的工作；掌握本职业的关键技术技能，能独立处理和解决技术或工艺难题；在技术技能方面有创新；能指导和培训初、中、高级技工；具有一定的技术管理能力；能按照施工要求，选用合适的工程材料；能操作复杂的机械设备及进行一般的维修。

⑤ 职业技能一级（高级技师）：能熟练运用专门技能和特殊技能在本职业的各个领域完成复杂的、非常规性工作；熟练掌握本职业的关键技术技能；能独立处理和解决高难度的技术问题或工艺难题；在技术攻关和工艺革新方面有创新；能组织开展技术改造、技术革新活动；能组织开展系统的专业技术培训；具有技术管理能力。

（5）装配式混凝土建筑技术工人申报各等级的职业技能评价，应符合下列条件之一：

① 职业资格五级（初级工）：具有初中文化程度，在本章所列工种的岗位工作（见习）1 年以上；具有初中文化程度，本章所列工种学徒期满。

② 职业资格四级（中级工）：取得本职业技能五级证书，从事本章所列工种范围内同一工种工作 2 年以上；具有本章所列工种中等以上职业学校本专业毕业证书。

③ 职业资格三级（高级工）：取得本职业技能四级证书后，从事本章所列工种范围内同一工种工作 3 年以上；取得高等职业技术学院本章所列工种本专业或相关专业毕业证书；取得本章所列工种中等以上职业学校本专业毕业证书，从事本章所列工种范围内同一工种工作 2 年以上。

④ 职业资格二级（技师）：取得本职业技能三级证书后，从事本章所列工种范围内同一工

种工作 3 年以上；取得本职业技能三级证书的高等职业学院本专业或相关专业毕业生，从事本章所列工种范围内同一工种工作 2 年以上。

⑤ 职业资格一级（高级技师）：取得本职业技能二级证书后，从事本章所列工种范围内同一工种工作 3 年以上。

（6）本章未规定的装配式混凝土建筑生产、施工等过程所需技术工人的职业技能标准应符合国家及四川省现行职业技能标准的规定。

（7）各等级工种职业技能鉴定包括理论知识和操作技能两部分，理论知识和操作技能（或专业能力）在鉴定中所占的比例应符合表 11.1-1 的规定。职业技能对理论知识的目标要求由高到低分为掌握、熟悉、了解三个层次，对操作技能的目标要求分为具备和不具备两种类型。

表 11.1-1　职业技能权重（%）

项目	初级工	中级工	高级工	技师	高级技师
理论知识	20	20	40	50	60
操作技能	80	80	60	50	40
合计	100	100	100	100	100

11.2　专业技能标准

11.2.1　构件装配工职业技能标准

（1）构件装配工应该具备法律法规与标准、识图、材料、工具设备、构件装配技术、施工组织管理、质量检查、安全文明施工、信息技术与行业动态的相关理论知识，具体应符合表 11.2-1 的规定。

表 11.2-1　构件装配工应具备的理论知识

项次	分类	理论知识	初级	中级	高级	技师	高级技师
1	法律法规与标准	1）建设行业相关的法律法规	○	○	■	★	★
		2）与本工种相关的国家、行业和地方标准	○	○	■	★	★
2	识图	3）建筑制图基础知识	○	■	■	■	★
		4）构件装配施工图识图知识	○	■	★	★	★
		5）建筑、结构、安装施工图识图知识	○	■	■	★	★
		6）支撑布置图识图知识	○	■	★	★	★
3	材料	7）预制构件的力学性能	○	○	■	■	★
		8）支撑及限位装置的种类、规格等基础知识	■	■	★	★	★
		9）构件堆放知识	■	■	★	★	★
		10）构件堆放期间及装配后的保护知识	■	■	■	★	★
		11）相关工序的成品保护知识	○	■	★	★	★

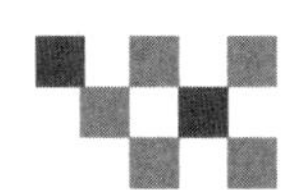

续表

项次	分类	理论知识	初级	中级	高级	技师	高级技师
4	工具设备	12）构件起吊常用器具的种类、规格、基本功能、适用范围及操作规程	■	■	★	★	★
		13）构件装配常用机具的种类、规格、基本功能、适用范围及操作规程	■	■	■	★	★
		14）各类支撑架的维护及保养知识	○	■	■	★	★
		15）起重机械基础知识	○	■	■	★	★
		16）安全防护工具的种类、规格、基本功能、适用范围及操作规程	■	■	★	★	★
5	构件装配技术	17）测量放线基础知识及操作要求	○	■	■	★	★
		18）构件进场验收	○	○	■	★	★
		19）构件吊点选取基础知识	○	○	■	★	★
		20）构件装配前的准备工作	■	★	★	★	★
		21）构件装配的自然环境要求	■	■	★	★	★
		22）构件装配的工作面要求	■	■	★	★	★
		23）构件装配的基本程序	■	■	★	★	★
		24）预埋件、限位装置等的预留预埋	■	■	★	★	★
		25）构件就位的程序及复核方法	○	■	★	★	★
		26）构件干式及湿式连接的操作方法	○	■	★	★	★
		27）支撑与限位装置搭设及拆除知识	■	■	★	★	★
		28）支撑与限位装置复核方法	○	■	★	★	★
		29）支撑与限位装置受力变形及倾覆知识	—	■	★	★	★
6	施工组织管理	30）构件装配方案	—	■	★	★	★
		31）进度管理基础知识	—	○	■	■	★
		32）技术管理基础知识	—	—	○	■	★
		33）质量管理基础知识	—	○	■	■	★
		34）工程成本管理基础知识	—	—	○	■	★
		35）对低级别工培训的目标和考核	—	○	■	■	★
7	质量检查	36）构件装配工程自检与交接检的方法	○	■	★	★	★
		37）构件装配工程的质量验收与评定	—	○	■	★	★
8	安全文明施工	38）安全生产常识、安全生产操作	○	■	★	★	★
		39）安全事故的处理程序	■	★	★	★	★
		40）突发事件的处理程序	■	★	★	★	★

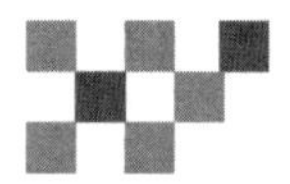

续表

项次	分类	理论知识	初级	中级	高级	技师	高级技师
8	安全文明施工	41）文明施工与环境保护基础知识	○	■	★	★	★
		42）对职业健康基础知识	★	★	★	★	★
		43）建筑消防安全基础知识	○	○	■	★	★
9	信息技术与行业动态	44）由装配式建筑信息技术的相关知识	○	○	■	■	★
		45）装配式混凝土建筑发展动态和趋势	○	○	■	■	★
		46）构件安装工程前后工序相关知识	○	■	★	★	★

注：表中符号“—”表示不作要求；“○”表示“了解”；“■”表示“熟悉”；“★”表示“掌握”。

（2）构件装配工应具备施工准备、装配标准、施工主持、预留预埋、构件就位、临时支撑搭拆、节点连接、施工检查、成品保护、班组管理、技术创新的相关操作技能，具体应符合表 11.2-2 的规定。

表 11.2-2 构件装配工应具备的操作技能

项次	分类	操作技能	初级	中级	高级	技师	高级技师
1	施工准备	1）能够进行构件进场验收	—	—	√	√	√
		2）能够进行构件堆放	√	√	√	√	√
		3）能够进行构件挂钩及试吊辅助	√	√	√	√	√
		4）能够进行构件堆放方案优化	—	—	√	√	√
2	装配标准	5）能够根据图纸及构件标识正确识别构件的类型、尺寸和位置	√	√	√	√	√
		6）能够按构件装配顺序清点构件	√	√	√	√	√
		7)能够准备和检查构件装配所需的机具和工具、撑架及辅料	√	√	√	√	√
		8）能够按构件装配要求清理工作面	√	√	√	√	√
		9）能够按施工要求对已完结构进行检查	—	—	√	√	√
		10)能够介入设计生产阶段并提出合理优化建议	—	—	√	√	√
		11）能够进行构件装配工程施工作业交底	—	—	√	√	√
		12）能够对构件装配方案提出合理优化建议	—	—	√	√	√
		13）能够编制一般构件安装方案	—	—	—	√	√
		14)能够参与危险性较大的构件安装专项施工方案的编制	—	—	—	—	√
		15）能够审核构件安装方案并进行合理优化	—	—	—	—	√

续表

项次	分类	操作技能	初级	中级	高级	技师	高级技师
3	施工主持	16)能够从装配施工的角度出发介入并优化前期方案	—	—	—	√	√
		17)能够主持一般构件安装作业	—	—	—	√	√
		18)能够主持危险性较大的构件安装作业	—	—	—	—	√
4	预留预埋	19)能够按设计及施工要求进行构件、预埋件和限位装置的测量放线	√	√	√	√	√
		20)能够按设计及施工要求进行预埋件、限位装置等的预留预埋	—	√	√	√	√
5	构件就位	21)能够进预埋件与构件预留孔洞的对中	√	√	√	√	√
		22)能够协助构件吊落至指定位置	√	√	√	√	√
		23)能够复核并校正构件的安装偏差	—	√	√	√	√
6	临时支撑搭拆	24)能够选择适宜的斜向及竖向支撑	—	—	√	√	√
		25)能够按施工要求搭设斜向及竖向支撑	√	√	√	√	√
		26)能够复核及校正斜向及竖向支撑的位置	—	√	√	√	√
		27)能够判断临时支撑拆除的时间	—	—	√	√	√
		28)能够完成临时支撑拆除作业	√	√	√	√	√
7	节点连接	29)能够对构件节点进行干式连接	—	√	√	√	√
		30)能够按湿式连接要求处理湿式连接工作面	—	√	√	√	√
8	施工检查	31)能够对构件装配工程的材料和机具进行清理、归类、存放	√	√	√	√	√
		32)能够对构件装配工程进行质量自检	√	√	√	√	√
		33)能够组织施工班组进行质量自检与交接检	—	—	√	√	√
9	成品保护	34)能够对前道工序的成果进行成品保护	√	√	√	√	√
		35)能够对堆放地构件进行包裹、覆盖	√	√	√	√	√
		36)能够对装配后构件进行成品保护	√	√	√	√	√
10	班组管理	37)能够对低级别工进行指导与培训	—	—	√	√	√
		38)能够提出安全生产建议并处理质量事故	—	—	√	√	√
		39)能够提出构件装配工程安全文明施工措施	—	—	√	√	√
		40)能够进行构件装配工程的质量验收和检验评定	—	—	—	√	√
		41)能够处理施工中的质量问题并提出预防措施	—	—	—	√	√

续表

项次	分类	操作技能	初级	中级	高级	技师	高级技师
11	技术创新	42)能够推广应用构件装配工程新技术、新工艺、新材料和新设备	—	—	√	√	√
		43)能够结合信息技术进行构件装配工程施工工艺、管理手段创新	—	—	—	—	√
		44)能够对本工种相关的工器具、施工工艺进行优化与革新	—	—	—	—	√

注：表中符号“—”表示不作要求；“√”表示对应等级技术工人应具备应对技能。

11.2.2 灌浆工职业技能标准

（1）灌浆工应该具备法律法规与标准、识图、材料、工具设备、灌浆技术、施工组织管理、质量检查、安全文明施工、信息技术与行业动态的相关理论知识，具体应符合表 11.2-3 的规定。

表 11.2-3 灌浆工应具备的理论知识

项次	分类	理论知识	初级	中级	高级	技师	高级技师
1	法律法规与标准	1）建设行业相关的法律法规	○	○	■	★	★
		2）与本工种相关的国家、行业和地方标准	○	○	■	★	★
2	识图	3）建筑制图基础知识	○	■	■	■	★
		4）灌浆部位的施工图识图知识	○	○	■	★	★
		5）灌浆作业示意图的识图知识	○	■	★	★	★
3	材料	6）预制构件的力学性能	○	○	■	■	★
		7）灌浆材料的常见种类、性能及适用范围	■	★	★	★	★
		8）灌浆辅料的常见种类、性能及用途	■	★	★	★	★
		9）灌浆料的制备方法	○	○	■	★	★
		10）灌浆部位的保护知识	■	★	★	★	★
		11）相关工序的成品保护知识	○	■	★	★	★
4	工具设备	12）灌浆常用机具的种类、规格、基本功能、适用范围及操作规程	■	★	★	★	★
		13）灌浆常用机具的维护及保养知识	■	★	★	★	★
		14）灌浆质量检测工具的使用方法	○	■	★	★	★
		15）灌浆设备操作规程及故障处理知识	○	■	★	★	★
		16）灌浆作业安全防护工具的种类、规格、基本功能、适用范围及操作规程	■	★	★	★	★

续表

项次	分类	理论知识	初级	中级	高级	技师	高级技师
5	灌浆技术	17）灌浆料试件制作及检验	○	■	★	★	★
		18）灌浆材料进场验收	○	○	■	★	★
		19）灌浆前的准备工作	■	★	★	★	★
		20）灌浆的自然环境要求	■	★	★	★	★
		21）灌浆的工作面要求	■	★	★	★	★
		22）灌浆的基本程序	■	★	★	★	★
		23）灌浆泵的操作规程	○	■	★	★	★
		24）灌浆管道铺设的基本方法	○	■	★	★	★
		25）灌浆停止现象的基本特征	■	★	★	★	★
		26）灌浆区域分仓的基本方法	■	★	★	★	★
		27）灌浆封堵的基本方法	■	★	★	★	★
6	施工组织管理	28）灌浆施工方案	—	○	■	■	★
		29）进度管理基本知识	—	○	■	■	★
		30）技术管理基本知识	—	—	○	■	★
		31）质量管理基本知识	—	○	■	■	★
		32）工程成本管理基本知识	—	—	○	■	★
		33）安全管理基本知识	—	○	■	■	★
		34）对低级别工培训的目标和质量	—	○	■	■	★
7	质量检查	35）灌浆工程质量自检和交接检的方法	○	■	★	★	★
		36）灌浆工程质量验收与评定	—	○	■	★	★
		37）灌浆质量问题的处理方法	—	○	■	★	★
8	安全文明施工	38）安全生产常识、安全生产操作规程	○	■	★	★	★
		39）安全事故的处理程序	■	★	★	★	★
		40）突发事件的处理程序	■	★	★	★	★
		41）文明施工与环境保护基础知识	○	■	★	★	★
		42）职业健康基础知识	■	★	★	★	★
		43）建筑消防安全基础知识	○	○	■	★	★
9	信息技术与行业动态	44）装配式建筑相关信息技术的知识	○	○	■	■	★
		45）装配式混凝土建筑发展动态和趋势	○	○	■	■	★
		46）灌浆材料、灌浆工艺、灌浆技术的发展动态	○	■	★	★	★
		47）灌浆工程前后工序相关知识	○	■	★	★	★

注：表中符号“—”表示不作要求；“○”表示“了解”；“■”表示“熟悉”；“★”表示“掌握”。

（2）灌浆工应具备施工准备、施工主持、分仓与接缝封堵、灌浆连接、施工检查、成品

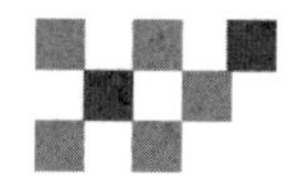

保护、班组管理、技术创新的相关操作技能，具体应符合表 11.2-4 的规定。

表 11.2-4　灌浆工应具备的操作技能

项次	分类	操作技能	初级	中级	高级	技师	高级技师
1	施工准备	1）能够对灌浆材料进行进场验收	—	—	√	√	√
		2）能够准备和检查灌浆所需的机具和工具	√	√	√	√	√
		3）能够对灌浆作业面进行清理	√	√	√	√	√
		4）能够检查钢筋套筒、灌浆结合面并处理异常情况	—	√	√	√	√
		5）能够制作并检验灌浆料试块	—	√	√	√	√
		6）能够正确制备灌浆料	—	√	√	√	√
		7）能够选择合适的灌浆机具和工具	—	—	√	√	√
		8）能够进行灌浆工程施工作业交底	—	—	√	√	√
		9）能够编制灌浆施工方案	—	—	—	√	√
2	施工主持	10）能够主持一般灌浆作业	—	—	—	√	√
		11）能够主持危险性较大的灌浆作业	—	—	—	√	√
3	分仓与接缝封堵	12）能够根据灌浆要求进行分仓	√	√	√	√	√
		13）能够记录分仓时间，填写分仓检查记录表	√	√	√	√	√
		14）能够对灌浆接缝边沿进行封堵	√	√	√	√	√
		15）能正确安装止浆塞	√	√	√	√	√
		16）能够检查封堵情况并进行异常情况处理	—	√	√	√	√
4	灌浆连接	17）能够对灌浆孔与出浆孔进行检测，确保孔路畅通	√	√	√	√	√
		18）能够按照施工方案要求铺设灌浆管道	—	√	√	√	√
		19）能够正确使用灌浆泵进行灌浆操作	—	√	√	√	√
		20）能够监视构件接缝处的渗漏等异常情况并采取相应措施	—	√	√	√	√
		21）能够进行灌浆接头外观检查并识别灌浆停止现象	√	√	√	√	√
		22）能够进行灌浆作业记录	√	√	√	√	√
		23）能够判断达到设计灌浆强度的时间	—	√	√	√	√
		24）能够根据温度条件确定构件不受扰动时间	—	√	√	√	√
		25）能够采取措施保证灌浆所需的环境条件	—	—	√	√	√
5	施工检查	26）能够对现场的材料和机具进行清理、归类、存放	√	√	√	√	√
		27）能够对灌浆工程进行质量自检	√	√	√	√	√
		28）能够组织施工班组进行质量自检与交接检	—	—	√	√	√

续表

项次	分类	操作技能	初级	中级	高级	技师	高级技师
6	成品保护	29）能够对前道工序的成果进行成品保护	√	√	√	√	√
		30）能够对灌浆部位进行保护	√	√	√	√	√
7	班组管理	31）能够对低级别工进行指导与培训	—	—	√	√	√
		32）能够提出安全生产建议并处理安全事故	—	—	√	√	√
		33）能够提出灌浆工程安全文明施工措施	—	—	√	√	√
		34）能够进行灌浆工程成本核算	—	—	—	√	√
		35）能够进行本工作的质量验收和检验评定	—	—	√	√	√
		36）能够提出灌浆工程质量保证措施	—	—	√	√	√
		37）能够处理施工中的质量问题并提出预防措施	—	—	—	√	√
8	技术创新	38）能够推广应用灌浆工程新技术、新工艺、新材料和新设备	—	—	—	√	√
		39）能够结合信息技术进行灌浆工程施工工艺、管理手段创新	—	—	—	—	√
		40）能够根据生产对本工种相关的工器具、施工工艺进行优化与革新	—	—	—	—	√

注：表中符号“—”表示不作要求；“√”表示对应等级技术工人应具备应对技能。

11.2.3　墙板组装工职业技能标准

（1）墙板组装工应该具备法律法规与标准、识图、材料、工具设备、墙板组装技术、施工组织管理、质量管理、安全文明施工、信息技术与行业动态的相关理论知识，具体应符合表 11.2-5 的规定。

表 11.2-5　墙板组装工应具备的理论知识

项次	分类	理论知识	初级	中级	高级	技师	高级技师
1	法律法规与标准	1）建设行业相关的法律法规	○	○	■	★	★
		2）与本工种相关的国家、行业和地方标准	○	○	■	★	★
2	识图	3）建筑制图基础知识	○	■	■	■	★
		4）墙板组装图识图知识	—	○	■	★	★
3	材料	5）墙板主材的常见种类、规格及性能	■	■	★	★	★
		6）墙板辅材的常见种类、用途与性能	■	■	★	★	★
		7）墙板的常见种类、用途与性能	■	■	★	★	★
		8）墙板组装前及组装后的保护知识	■	★	★	★	★
		9）相关工序的成品保护知识	○	■	★	★	★

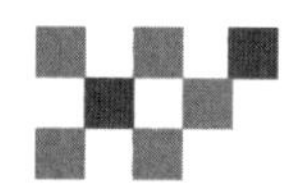

续表

项次	分类	理论知识	初级	中级	高级	技师	高级技师
4	工具设备	10）墙板组装常用机具的种类、规格、基本功能、适用范围及操作规程	■	★	★	★	★
		11）室内脚手架、人字梯的操作知识	■	★	★	★	★
		12）墙板组装作业安全防护工具的种类、规格、基本功能、适用范围及操作规程	■	★	★	★	★
5	墙板组装技术	13）内装测量放线基础知识与操作要求	○	■	★	★	★
		14）墙板及支撑材料进场验收	○	○	■	★	★
		15）墙板组装前的材料及机具准备	■	★	★	★	★
		16）墙板组装的工作面要求	■	■	★	★	★
		17）墙板组装的基本程序	■	■	★	★	★
		18）墙板支撑骨架的搭设及拆除知识	○	■	★	★	★
		19）墙板支撑骨架的检查知识	○	■	★	★	★
		20）墙板防水施工知识	○	■	★	★	★
		21）室内安装部品铺设知识	○	■	★	★	★
		22）墙板的成品保护知识	■	■	★	★	★
6	施工组织管理	23）墙板组装方案	—	○	■	■	★
		24）进度管理基础知识	—	○	■	■	★
		25）技术管理基础知识	—	—	○	■	★
		26）质量管理基础知识	—	○	■	■	★
		27）工程成本管理基础知识	—	—	○	■	★
		28）对低级别工培训的目标和度量	—	○	■	■	★
7	质量管理	29）墙板组装工程质量自检与交接检的方法	○	■	★	★	★
		30）墙板组装工程质量验收与评定	—	○	■	★	★
8	安全文明施工	31）安全生产常识、安全生产操作规程	○	■	★	★	★
		32）安全事故的处理程序	■	★	★	★	★
		33）突发事件的处理程序	■	★	★	★	★
		34）文明施工与环境保护基础知识	○	■	★	★	★
		35）职业健康基础知识	★	★	★	★	★
		36）建筑消防安全基础知识	○	○	■	★	★
9	信息技术与行业动态	37）装配式建筑相关信息化技术的知识	○	○	■	■	★
		38）装配式混凝土建筑发展动态和趋势	○	○	■	■	★
		39）墙板组装工程前后工序相关知识	○	■	★	★	★

注：表中符号“—”表示不作要求；“○”表示“了解”；“■”表示“熟悉”；“★”表示“掌握”。

（2）墙板组装工应具备施工准备、施工主持、测量放线、管道敷设、支撑搭设、内部部

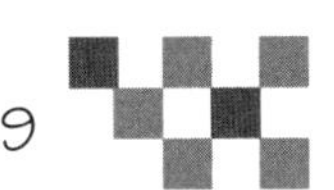

品组装、施工检查、成品保护、班组管理、技术创新的相关操作技能，具体应符合表 11.2-6 的规定。

表 11.2-6　墙板组装工应具备的操作技能

项次	分类	操作技能	初级	中级	高级	技师	高级技师
1	施工准备	1）能够正确识别墙板的类型和安装位置	√	√	√	√	√
		2）能够按墙板组装工序准备部品	√	√	√	√	√
		3）能够选择合适的墙板组装机具和工具	—	—	√	√	√
		4）能够准备和检查墙板组装机具和工具	√	√	√	√	√
		5）能够按墙板组装要求清理工作面	√	√	√	√	√
		6）能够进行墙板组装作业交底	—	—	√	√	√
		7）能够参与方案会审并进行合理优化	—	—	—	√	√
		8）能够编制墙板组装方案	—	—	—	√	√
2	施工主持	9）能够主持一般墙板组装作业	—	—	√	√	√
		10）能够主持较为复杂的墙板组装作业	—	—	—	—	√
3	测量放线	11）能够根据施工要求进行墙板组装工程测量放线	—	√	√	√	√
4	管道敷设	12）能够根据设计图纸完成墙板组装铺设工作	—	√	√	√	√
5	支撑搭设	13）能够根据施工方案搭设支撑骨架	√	√	√	√	√
		14）能够复核及校正支撑骨架的位置	—	√	√	√	√
6	内部部品组装	15）能够根据设计图纸完成墙板组装工作	√	√	√	√	√
		16）能够对已完工的墙板进行美化、防水、防腐处理	—	√	√	√	√
		17）能够对已完工的墙板进行成品保护	√	√	√	√	√
7	施工检查	18）能够对现场的材料和机具进行清理、归类、存放	√	√	√	√	√
		19）能够对墙板组装工程进行质量自检	√	√	√	√	√
		20）能够组织施工班组进行质量自检与交接检	—	√	√	√	√
8	成品保护	21）能够对前道工序的成果进行成品保护	√	√	√	√	√
		22）能够对组装完成后的墙板进行成品保护	√	√	√	√	√
9	班组管理	23）能够对低级别工进行指导与培训	—	—	√	√	√
		24）能够提出安全生产建议并处理一般质量事故	—	—	√	√	√
		25）能够提出墙板组装工作安全施工和文明施工措施	—	—	√	√	√
		26）能够进行构件装配工程成本核算	—	—	—	√	√
		27）能够进行本工作的质量验收和检验评定	—	—	—	√	√

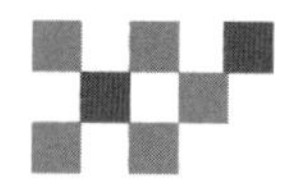

续表

项次	分类	操作技能	初级	中级	高级	技师	高级技师
9	班组管理	28）能够提出构件装配工程质量措施	—	—	—	√	√
		29）能够处理施工中的质量问题并提出预防措施	—	—	—	—	√
10	技术创新	30）能够推广应用墙板组装工程新技术、新工艺、新材料和新设备	—	—	—	√	√
		31）能够根据生产对本工种相关的工器具、施工工艺及管理手段进行优化与革新	—	—	—	—	√

注：表中符号"—"表示不作要求；"√"表示对应等级技术工人应具备应对技能。

11.2.4 构件制作工职业技能标准

（1）构件制作工应该具备法律法规与标准、识图、材料、工具设备、制作技术、施工组织管理、质量检查、安全文明施工、信息技术与行业动态的相关理论知识，具体应符合表11.2-7的规定。

表11.2-7 构件制作工应具备的理论知识

项次	分类	理论知识	初级	中级	高级	技师	高级技师
1	法律法规与标准	1）建设行业相关的法律法规	○	■	★	★	★
		2）与本工种相关的国家、行业和地方标准	○	■	★	★	★
2	识图	3）建筑制图中常见名称、图例和代号	○	■	■	★	★
		4）构件大样图、配筋图识图知识	○	○	■	★	★
		5）一般建筑制图、结构设计知识	—	—	—	■	★
3	材料	6）常用钢筋、混凝土原材料的种类及适用范围	○	○	■	■	★
		7）钢筋、混凝土原材料的性能	■	★	★	★	★
4	工具设备	8）构件制作常用设备的基本功能及使用方法	■	■	★	★	★
		9）构件制作常用设备的维护及保养知识	—	○	■	★	★
		10）构件制作质量常用试验工具的使用方法	○	■	★	★	★
		11）钢筋、混凝土加工配送生产运输安全防护工具的基本功能及使用方法	■	■	★	★	★
5	制作技术	12）生产前的准备工作	○	■	★	★	★
		13）生产的基本程序	■	■	★	★	★
		14）钢筋配料表、混凝土配合比知识	○	■	★	★	★
		15）成型钢筋加工过程、混凝土质量控制	■	■	★	★	★
		16）成型钢筋存放的基本方法及出厂检验标准	○	■	★	★	★
		17）构件浇筑、脱模的操作方法及反打一次成型的技术要求	○	■	★	★	★

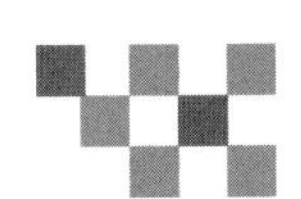

续表

项次	分类	理论知识	初级	中级	高级	技师	高级技师
6	施工组织管理	18）构件制作方案编制方法	—	■	★	★	★
		19）进度管理与控制的基础知识	—	■	★	★	★
		20）质量管理基础知识	—	■	★	★	★
		21）技术、成本、安全管理基础知识	—	■	★	★	★
7	质量检查	22）构件制作质量自检的方法	○	■	★	★	★
		23）预防和处理质量事故的方法和措施	○	■	■	★	★
8	安全文明施工	24）安全生产操作规程	○	■	■	★	★
		25）安全事故的处理程序	○	■	■	★	★
		26）突发事件的处理程序	○	■	■	★	★
		27）安全生产知识	○	■	■	★	★
		28）职业健康知识	○	■	■	★	★
		29）环境保护知识	○	■	■	★	★
		30）建筑消防安全的基础知识	○	○	■	★	★
9	信息技术与行业动态	31）构件制作技术发展动态和趋势	—	—	○	■	★
		32）生产工艺、生产设备的发展动态	—	—	○	■	★

注：表中符号“—”表示不作要求；“○”表示“了解”；“■”表示“熟悉”；“★”表示“掌握”。

（2）构件制作工应具备制作准备、生产主持、生产制作、生产检查、班组管理、技术创新的相关操作技能，具体应符合表 11.2-8 的规定。

表 11.2-8　构件制作工应具备的操作技能

项次	分类	操作技能	初级	中级	高级	技师	高级技师
1	制作准备	1）能够正确选用常用加工工具	√	√	√	√	√
		2）能够准备和检查制作机具和工具	√	√	√	√	√
		3）能够对原材料进行进场验收	—	√	√	√	√
		4）能够按构件制作工要求清理工作面	√	√	√	√	√
		5）能够对一般钢筋工程进行钢筋优化	—	—	√	√	√
2	生产主持	6）能够主持一般构件生产	—	√	√	√	√
		7）能够主持构件生产	—	—	√	√	√
3	生产制作	8）能够根据要求对灌浆原材料进行配置、浇筑、检查及养护	√	√	√	√	√
		9）能够使用自动数控设备进行成型钢筋加工	√	√	√	√	√
		10）能够按照构件种类规格及应用项目不同进行分类堆放及标识	√	√	√	√	√

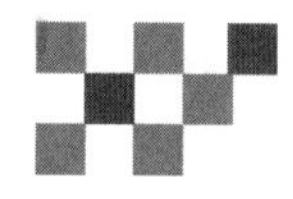

续表

项次	分类	操作技能	初级	中级	高级	技师	高级技师
4	生产检查	11）能够对现场的材料和机具进行清理、归类、存放	√	√	√	√	√
		12）能够对构件生产过程进行质量自检	√	√	√	√	√
		13）能够组织生产及运输班组进行质量自检与交接检	—	—	√	√	√
5	班组管理	14）能够对低级别工进行指导与培训	—	√	√	√	√
		15）能够提出安全生产建议并处理一般安全事故	—	—	√	√	√
		16）能够提出构件制作安全检查和安全文明施工措施	—	—	√	√	√
		17）能够进行构件加工成本核算	—	—	√	√	√
		18）能够进行构件的质量验收和检验评价	—	—	√	√	√
		19）能够提出构件加工质量保证措施	—	—	√	√	√
		20）能够处理生产中的质量问题并提出预防措施	—	—	√	√	√
6	技术创新	21）能够推广应用构件加工新技术、新工艺、新材料和新设备	—	—	√	√	√
		22）能够结合信息技术进行钢筋、混凝土加工配送	—	—	√	√	√
		23）能够根据生产对本工种相关的工器具进行优化与革新	—	—	√	√	√

注：表中符号“—”表示不作要求；“√”表示对应等级技术工人应具备应对技能。

11.2.5 预埋工职业技能标准

（1）预埋工应该具备法律法规与标准、识图、材料、工具设备、预埋技术、施工组织管理、质量检查、安全文明施工、信息技术与行业动态的相关理论知识，具体应符合表 11.2-9 的规定。

表 11.2-9 预埋工应具备的理论知识

项次	分类	理论知识	初级	中级	高级
1	法律法规与标准	1）建设行业相关的法律法规	○	○	■
		2）与本工种相关的国家、行业和地方标准	○	○	■
2	识图	3）建筑制图基础知识	○	■	■
		4）构件大样图识图知识	○	■	★
		5）预埋工程施工图识图知识	○	■	★
3	材料	6）预埋件的常见类型、规格、材质、安装要求	■	★	★
		7）预埋管道的常见类型、规格、材质、安装要求	■	★	★
		8）预埋螺栓的常见类型、规格、安装要求	■	★	★

续表

项次	分类	理论知识	初级	中级	高级
3	材料	9）预制构件、预埋件、预埋管道及预埋螺栓的力学性能	○	■	★
		10）预埋件、预埋管道及预埋螺栓的成品保护知识	■	★	★
		11）相关工序的成品保护知识	○	■	★
4	工具设备	12）预埋工程安装与拆除机具的种类、规格、基本功能、适用范围及操作规程	■	★	★
		13）预埋工程常用机具的维护及保养知识	★	★	★
		14）预埋作业安全防护工具的种类、规格、基本功能、适用范围及操作规程	■	★	★
		15）数控机床的操控知识	—	○	★
5	预埋技术	16）预埋件、预埋管道及预埋螺栓进场验收知识	○	○	■
		17）预埋件、预埋管道及预埋螺栓安装前的准备工作	■	★	★
		18）预埋件、预埋管道及预埋螺栓的定位方法	■	★	★
		19）预埋件、预埋管道及预埋螺栓安装方法及质量控制标准	■	★	★
		20）预埋件、预埋管道及预埋螺栓受力变形与位移的处理办法	○	■	★
6	施工组织管理	21）预埋工程施工方案	—	—	○
		22）进度管理基础知识	—	○	■
		23）技术管理基础知识	—	—	○
		24）质量管理基础知识	—	○	■
		25）工程成本管理基础知识	—	—	○
		26）安全管理基础知识	—	—	○
		27）对低级别工培训的目标和考核	—	○	■
7	质量检查	28）预埋工程质量自检和交接检的方法	○	■	★
		29）预防和处理预埋工程质量事故的方法及措施	—	—	○
		30）预埋工程质量验收和评定	—	○	■
8	安全文明施工	31）安全生产常识、安全生产操作规程	○	■	★
		32）安全事故的处理程序	■	★	★
		33）突发事件的处理程序	■	★	★
		34）文明施工与环境保护基础知识	○	■	★
		35）职业健康基础知识	■	★	★
		36）工厂消防安全基础知识	○	■	★
9	信息技术与行业动态	37）建筑业信息技术的相关知识	○	○	■
		38）预埋工程的发展动态和趋势	○	■	★
		39）预埋工程前后工序相关知识	○	■	★

注：表中符号“—”表示不作要求；“○”表示“了解”；“■”表示“熟悉”；“★”表示“掌握”。

（2）预埋工应具备施工准备、施工主持、埋件就位、埋件固定、施工检查、成品保护、班组管理、技术创新的相关操作技能，具体应符合表 11.2-10 的规定。

表 11.2-10 预埋工应具备的操作技能

项次	分类	操作技能	初级	中级	高级
1	施工准备	1）能够对预埋件、预埋管道、预埋螺栓及预埋辅材进行进场验收	—	—	√
		2）能够准备和检查钢筋加工机具和工具	√	√	√
		3）能够选择合适的预埋机具和工具	—	—	√
		4）能够准备和检查预埋机具和工具	√	√	√
		5）能够进行预埋工程施工作业交底	—	—	√
2	施工主持	6）能够主持一般预埋生产	—	—	√
3	埋件就位	7）能够根据施工图纸要求确定预埋件、预埋管道及预埋螺栓位置	√	√	√
4	埋件固定	8）能够使用工具及机械将预埋件、预埋管道及预埋螺栓紧固在钢筋骨架、模台或模具规定位置	√	√	√
5	施工检查	9）能够对预埋工程的材料和机具进行清理、归类、存放	√	√	√
		10）能够对预埋工程进行质量自检	√	√	√
		11）能够组织施工班组进行质量自检与交接检	—	—	√
6	成品保护	12）能够对前道工序的成果进行成品保护	√	√	√
		13）能够采取防护措施，在隐蔽前对预埋件、预埋管道及预埋螺栓进行保护	—	√	√
		14）能够及时对位置偏移、外观损坏的预埋件、预埋管道及预埋螺栓进行修补及更换	—	√	√
7	班组管理	15）能够对低级别工进行指导与培训	—	—	√
		16）能够提出安全生产建议并处理安全事故	—	—	√
		17）能够提出预埋工程安全文明施工措施	—	—	√
		18）能够进行预埋工程的质量验收和检验评定	—	—	√
		19）能够处理施工中的质量问题并提出预防措施	—	—	√
8	技术创新	20）能够学习应用预埋工程新技术、新工艺、新材料和新设备	—	—	√

注：表中符号“—”表示不作要求；“√”表示对应等级技术工人应具备应对技能。

11.2.6 打胶工职业技能标准

（1）打胶工应具备法律法规与标准、识图、材料、工具设备、打胶技术、施工组织管理、质量检查、安全文明施工、信息技术与行业动态的相关理论知识，具体应符合表 11.2-11 的规定。

表 11.2-11　打胶工应具备的理论知识

项次	分类	理论知识	初级	中级	高级
1	法律法规与标准	1）建设行业相关的法律法规	○	○	■
		2）与本工种相关的国家、行业和地方标准	○	○	■
2	识图	3）建筑制图基础知识	○	■	■
		4）打胶施工图识图知识	○	■	★
3	材料	5）打胶材料的常见种类、性能、技术要求及保管方法	■	★	★
		6）打胶辅料的常见种类、性能、用途及保管方法	■	★	★
		7）打胶部位的保护知识	■	★	★
		8）相关工序的成品保护知识	○	■	★
4	工具设备	9）打胶常用机具的种类、规格、基本功能、适用范围及操作规程	■	★	★
		10）打胶常用机具的维护及保养知识	■	★	★
		11）打胶质量检测工具的种类、基本功能及使用方法	○	■	★
5	打胶技术	12）打胶材料的进场验收	○	○	■
		13）打胶前的准备工作	■	■	★
		14）打胶的环境要求	■	■	★
		15）打胶的工作面要求	■	■	★
		16）打胶的基本程序	■	■	★
		17）基层处理技术	■	■	★
		18）表面遮掩技术	■	■	★
		19）装胶、配胶、混胶的技术要求	○	○	■
		20）打胶的技术要求	■	■	★
		21）刮胶及修补的技术要求	■	■	★
6	施工组织管理	22）打胶施工方案	—	—	○
		23）进度管理基础知识	—	—	○
		24）技术管理基础知识	—	—	○
		25）质量管理基础知识	—	○	■
		26）工程成本管理基础知识	—	—	○
		27）安全管理基础知识	—	—	○
		28）对低级别工培训的目标和度量	—	○	■
7	质量检查	29）打胶工程质量自检与交接检的方法	○	■	★
		30）打胶质量问题的处理方法	—	○	■
		31）打胶工程质量验收与评定	—	○	■

续表

项次	分类	理论知识	初级	中级	高级
8	安全文明施工	32）安全生产常识、安全生产操作规程	○	■	★
		33）安全事故的处理程序	■	★	★
		34）突发事件的处理程序	■	★	★
		35）文明施工与环境保护基础知识	○	■	★
		36）职业健康基础知识	■	★	★
		37）建筑消防安全基础知识	■	■	★
9	信息技术与行业动态	38）装配式建筑相关信息化技术的知识	○	○	■
		39）装配式混凝土建筑发展动态和趋势	○	○	■
		40）打胶工程前后工序相关知识	○	■	★

注：表中符号“—”表示不作要求；“○”表示“了解；“■”表示“熟悉”；“★”表示“掌握”。

（2）打胶工应具备施工准备、施工主持、基层处理、表面遮掩、打胶、刮胶、施工检查、成品保护、班组管理、技术创新的相关操作技能，具体应符合表 11.2-12 的规定。

表 11.2-12　打胶工应具备的操作技能

项次	分类	操作技能	初级	中级	高级
1	施工准备	1）能够对打胶材料进行进场验收	—	—	√
		2）能够选择合适的打胶机具和工具	—	—	√
		3）能够准备和检查打胶机具和工具	√	√	√
		4）能够按密封要求清理工作面	√	√	√
		5）能够绘制打胶施工草图	—	—	√
		6）能够进行打胶施工作业交底	—	—	√
		7）能够安排打胶施工工序	—	—	√
2	施工主持	8）能够主持一般打胶作业	—	—	√
3	基层处理	9）能够清洁接缝表面污染物	√	√	√
4	表面遮掩	10）能够使用工具遮住接口周边表面	√	√	√
		11）能够按打胶宽度留好缝隙宽度	√	√	√
		12）能够复核及校正预留打胶位置	√	√	√
5	打胶	13）能够确保基材与密封胶紧密接触	√	√	√
		14）能够根据缝隙情况匀速移动胶枪并使线条均匀、饱满	√	√	√
		15）能够根据缝隙情况准确判断压胶次数	—	√	√
6	刮胶	16）能够正确使用刮胶刀具进行刮胶	√	√	√
7	施工检查	17）能够对现场的材料和机具进行清理、归类、存放	√	√	√
		18）能够对打胶工程进行质量自检	√	√	√
		19）能够组织施工班组进行质量自检与交接检	—	—	√

续表

项次	分类	理论知识	初级	中级	高级
8	成品保护	20）能够对前道工序的成果进行成品保护	√	√	√
		21）能够确定并保证密封部位最低不触摸时间	—	√	√
		22）能够确定并保证密封部位最低不按压时间	—	√	√
9	班组管理	23）能够对低级别工进行指导与培训	—	—	√
		24）能够提出安全生产建议并处理一般安全事故	—	—	√
		25）能够提出打胶工程安全文明施工措施	—	—	√
		26）能够进行本工作的质量验收与评定	—	—	√
		27）能够提出打胶工程质量保证措施	—	—	√
		28）能够处理施工中的质量问题并提出预防措施	—	—	√
10	技术创新	29）能够推广应用打胶工程新技术、新工艺、新材料和新设备	—	—	√
		30）能够根据生产对本工种相关的工器具、施工工艺及管理手段进行优化与革新	—	—	√

注：表中符号“—”表示不作要求；“√”表示对应等级技术工人应具备应对技能。

11.3　专业技能考核标准

（1）构件装配工能力测试包括理论知识和操作技能两部分内容，具体应符合表11.3-1的规定。

表11.3-1　构件装配工能力测试的内容和权重

项次	分类	评价权重/%				
		初级	中级	高级	技师	高级技师
理论知识	法律法规与标准	5	5	5	5	5
	识图	10	10	10	10	10
	材料	15	10	10	10	10
	工具设备	15	15	10	10	10
	构件装配技术	30	30	30	30	25
	施工组织管理	—	5	10	10	15
	质量检查	5	5	5	5	5
	安全文明施工	15	15	15	15	15
	信息技术与行业动态	5	5	5	5	5
	小计	100	100	100	100	100
操作技能	施工准备	15	10	10	10	10
	装配标准	25	20	20	15	15
	施工主持	—	—	—	5	10
	预留预埋	10	10	5	5	5

续表

项次	分类	评价权重/%				
		初级	中级	高级	技师	高级技师
操作技能	构件就位	15	15	10	10	10
	临时支撑搭拆	15	15	10	10	5
	节点连接	—	10	10	10	5
	施工检查	10	10	10	10	10
	成品保护	10	10	10	10	10
	班组管理	—	—	10	10	10
	技术创新	—	—	5	5	10
	小计	100	100	100	100	100

（2）灌浆工能力测试包括理论知识和操作技能两部分内容，具体应符合表 11.3-2 的规定。

表 11.3-2　灌浆工能力测试的内容和权重

项次	分类	评价权重/%				
		初级	中级	高级	技师	高级技师
理论知识	法律法规与标准	5	5	5	5	5
	识图	5	10	10	10	10
	材料	15	15	10	10	10
	工具设备	15	10	10	10	10
	灌浆技术	30	30	25	25	20
	施工组织管理	—	5	10	10	15
	质量检查	5	5	10	10	10
	安全文明施工	15	10	10	10	10
	信息技术与行业动态	10	10	10	10	10
	小计	100	100	100	100	100
操作技能	施工准备	20	20	20	20	20
	施工主持	—	—	—	5	5
	分仓与接缝封堵	30	30	20	15	10
	灌浆连接	25	30	20	15	15
	施工检查	15	10	10	10	10
	成品保护	10	10	15	10	10
	班组管理	—	—	15	20	20
	技术创新	—	—	—	5	10
	小计	100	100	100	100	100

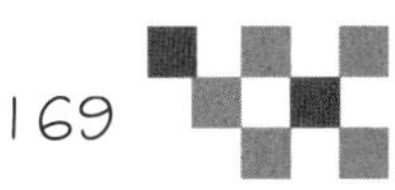

（3）墙板组装工能力测试包括理论知识和操作技能两部分内容，具体应符合表 11.3-3 的规定。

表 11.3-3　墙板组装工能力测试的内容和权重

项次	分类	评价权重/%				
		初级	中级	高级	技师	高级技师
理论知识	法律法规与标准	5	5	5	5	5
	识图	5	5	5	5	5
	材料	20	20	15	15	15
	工具设备	15	10	10	10	10
	墙板组装技术	30	30	30	25	25
	施工组织管理	—	5	10	10	15
	质量检查	5	5	10	10	5
	安全文明施工	15	15	10	10	10
	信息技术与行业动态	5	5	5	10	10
	小计	100	100	100	100	100
操作技能	施工准备	30	25	25	20	20
	施工主持	—	—	5	10	10
	测量放线	—	5	5	5	5
	管道敷设	—	10	5	5	5
	支撑搭设	15	15	10	10	5
	内部部品组装	20	20	15	15	10
	施工检查	20	15	15	10	10
	成品保护	15	10	10	10	10
	班组管理	—	—	10	10	15
	技术创新	—	—	—	5	10
	小计	100	100	100	100	100

（4）构件制作工能力测试包括理论知识和操作技能两部分内容，具体应符合表 11.3-4 的规定。

表 11.3-4　构件制作工能力测试的内容和权重

项次	分类	评价权重/%				
		初级	中级	高级	技师	高级技师
理论知识	法律法规与标准	5	5	5	5	5
	识图	5	5	5	5	5

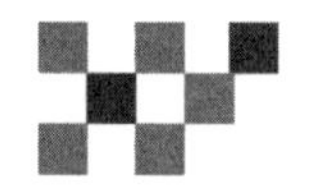

续表

项次	分类	评价权重/%				
		初级	中级	高级	技师	高级技师
理论知识	材料	20	20	25	25	25
	工具设备	15	15	10	10	10
	制作技术	35	30	20	15	10
	施工组织管理	—	5	10	10	15
	质量检查	5	5	10	10	5
	安全文明施工	15	15	10	10	10
	信息技术与行业动态	—	—	10	10	10
	小计	100	100	100	100	100
操作技能	制作准备	30	20	15	10	5
	生产主持	—	10	15	20	20
	生产制作	50	40	25	20	10
	生产检查	20	25	25	20	20
	班组管理	—	5	10	15	20
	技术创新	—	—	10	15	25
	小计	100	100	100	100	100

（5）预埋工能力测试包括理论知识和操作技能两部分内容，具体应符合表 11.3-5 的规定。

表 11.3-5　预埋工能力测试的内容和权重

项次	分类	评价权重/%		
		初级	中级	高级
理论知识	法律法规与标准	5	5	5
	识图	10	10	10
	材料	20	20	15
	工具设备	15	15	10
	预埋技术	20	20	15
	施工组织管理	—	5	10
	质量检查	5	5	10
	安全文明施工	20	15	15
	信息技术与行业动态	5	5	10
	小计	100	100	100

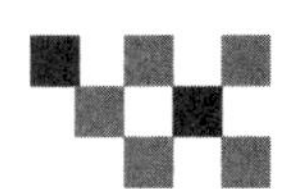

续表

项次	分类	评价权重/%		
		初级	中级	高级
操作技能	施工准备	20	20	20
	施工主持	—	—	5
	埋件就位	20	20	10
	埋件固定	20	20	10
	施工检查	20	20	20
	成品保护	20	20	10
	班组管理	—	—	20
	技术创新	—	—	5
	小计	100	100	100

（6）打胶工能力测试包括理论知识和操作技能两部分内容，具体应符合表 11.3-6 的规定。

表 11.3-6　打胶工能力测试的内容和权重

项次	分类	评价权重/%		
		初级	中级	高级
理论知识	法律法规与标准	5	5	5
	识图	5	5	10
	材料	15	15	10
	工具设备	15	15	10
	打胶技术	30	30	25
	施工组织管理	—	5	10
	质量检查	5	5	10
	安全文明施工	20	15	10
	信息技术与行业动态	5	5	10
	小计	100	100	100
操作技能	施工准备	20	15	20
	施工主持	—	—	10
	基层处理	10	10	5
	表面遮掩	20	20	10
	打胶	20	20	10

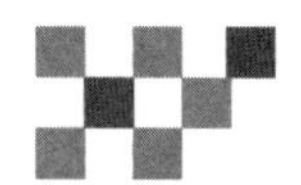

续表

项次	分类	评价权重/%		
		初级	中级	高级
操作技能	刮胶	10	10	5
	施工检查	10	15	15
	成品保护	10	10	10
	班组管理	—	—	10
	技术创新	—	—	5
	小计	100	100	100

附 录

附录 1

装配式建筑产业发展政策文件目录

序号	文件名称	发布部门	发布编号
1	关于印发《“十三五”装配式建筑行动方案》《装配式建筑示范城市管理办法》《装配式建筑产业基地管理办法》的通知	住房和城乡建设部	建科〔2017〕77号
2	关于促进建筑业持续健康发展的意见	国务院办公厅	国办发〔2017〕19号
3	关于大力发展装配式建筑的指导意见	国务院办公厅	国办发〔2016〕71号
4	关于进一步推进工程总承包发展的若干意见	住房和城乡建设部	建市〔2016〕93号
5	关于进一步加强城市规划建设管理工作的若干意见	中共中央、国务院	2016年2月6日
6	关于全面开展工程建设项目审批制度改革的实施意见	国务院办公厅	国办发〔2019〕11号
7	关于印发《房屋建筑和市政基础设施项目工程总承包管理办法》的通知	住房和城乡建设部、国家发改委	2019年12月23日
8	关于推动四川建筑业高质量发展的实施意见	四川省政府办公厅	川办发〔2019〕54号
9	关于印发《四川省钢结构装配式住宅建设试点工作实施方案》的通知	四川省住房和城乡建设厅	川建建发〔2019〕363号
10	关于在装配式建筑推行工程总承包招标投标的意见	四川省住房和城乡建设厅	川建行规〔2019〕2号
11	关于印发《2019年全省推进装配式建筑发展工作要点》的通知	四川省住房和城乡建设厅	川建建发〔2019〕127号
12	关于印发《四川省装配式建筑部品部件生产质量保障能力评估办法》的通知	四川省住房和城乡建设厅、经济和信息化厅、市场监督管理局	川建行规〔2018〕2号
13	关于印发《四川省装配式建筑产业基地管理办法》的通知	四川省住房和城乡建设厅	川建建发〔2018〕809号
14	关于印发《四川省装配式农村住房建设导则》的通知	四川省住房和城乡建设厅	川建建发〔2018〕738号

续附表

序号	文件名称	发布部门	发布编号
15	关于印发《四川省推进装配式建筑发展三年行动方案》的通知	四川省住房和城乡建设厅	川建建发〔2018〕299号
16	关于《四川省装配式建筑装配率计算细则（征求意见稿）》公开征求意见的通知	四川省住房和城乡建设厅	2020年6月17日
17	关于大力发展装配式建筑的实施意见	四川省政府办公厅	川办发〔2017〕56号
18	关于推进四川省装配式建筑工业化部品部件产业高质量发展的指导意见	四川省住房和城乡建设厅、经济和信息化厅、生态环境厅、交通运输厅、市场监督管理局	川经信冶建〔2019〕248号
19	关于印发《2019年全省推进装配式建筑发展工作要点》的通知	四川省住房和城乡建设厅	川建建发〔2019〕127号

说明：以上文件仅为重点部分摘要，仅供参考。

附录 2

装配式建筑标准规范目录

序号	文件名称	类型	编号
1	装配式混凝土建筑技术标准	国标	GB/T 51231—2016
2	装配式钢结构建筑技术标准	国标	GB/T 51232—2016
3	装配式木结构建筑技术标准	国标	GB/T 51233—2016
4	装配式建筑评价标准	国标	GB/T 51129—2017
5	钢结构设计标准	国标	GB 50017—2017
6	绿色建筑评价标准	国标	GB/T 50378—2019
7	建设工程化学灌浆材料应用技术标准	国标	GB/T 51320—2018
8	建设项目工程总承包管理规范	国标	GB/T 50358—2017
9	混凝土结构工程施工质量验收规范	国标	GB 50204—2015
10	建筑模数协调标准	国标	GB/T 50002—2013
11	装配式住宅建筑检测技术标准	行业	JGJ/T 485—2019
12	钢骨架轻型预制板应用技术标准	行业	JGJ/T 457—2019
13	装配式钢结构住宅建筑技术标准	行业	JGJ/T 469—2019
14	装配式整体卫生间应用技术标准	行业	JGJ/T 467—2018
15	装配式环筋扣合锚接混凝土剪力墙结构技术标准	行业	JGJ/T 430—2018
16	装配式劲性柱混合梁框架结构技术规程	行业	JGJ/T 400—2017
17	预应力混凝土异型预制桩技术规程	行业	JGJ/T 405—2017
18	装配式混凝土结构技术规程	行业	JGJ 1—2014
19	预制带肋底板混凝土叠合楼板技术规程	行业	JGJ/T 258—2011
20	预制预应力混凝土装配整体式框架结构技术规程	行业	JGJ 224—2010
21	装配箱混凝土空心楼盖结构技术规程	行业	JGJ/T 207—2010
22	装配式整体厨房应用技术标准	行业	JGJ/T 477—2018
23	四川省装配式混凝土建筑预制构件生产和施工信息化技术标准	地标	DBJ51/T 08－2017
24	四川省装配整体式住宅建筑设计规程	地标	DBJ51/T 038—2015
25	四川省装配式混凝土结构工程施工与质量验收规程	地标	DBJ51/T 054—2015
26	四川省建筑工业化预制混凝土构件制作、安装及质量验收规程	地标	DBJ51/T 008—2015
27	四川省装配式混凝土建筑 BIM 设计施工一体化标准	地标	DBJ51/T 087—2017
28	四川省装配式混凝土结构工程施工及质量验收规程	地标	DBJ51/T 054—2015
29	四川省工业化住宅设计模数协调标准	地标	DBJ51/T 064—2016
30	工业化建筑用混凝土部品质量评定和检验标准	地标	DB510100/T 227—2017
31	四川省装配式轻质墙体技术标准	地标	DBJ51/T 156—2020
32	建筑轻质条板隔墙技术规程	行业	JGJ/T 157—2014

说明：以上文件仅为重点部分摘要，仅供参考。

附录 3

装配式建筑标准图集目录

序号	文件名称	类型	编号
1	装配式保温楼地面建筑构造 FD 干式地暖系统	国标	20CJ 95—1
2	预制钢筋混凝土楼梯（公共建筑）	国标	20G 367—2
3	装配式建筑蒸压加气混凝土板围护系统	国标	19CJ 85—1
4	地铁装配式管道支吊架设计与安装	国标	19T 202
5	《装配式住宅建筑设计标准》图示	国标	18J 820
6	装配式建筑——远大轻型木结构建筑	国标	18CJ 67—2、 18CG 44—1
7	装配式管道支吊架（含抗震支吊架）	国标	18R 417—2
8	预制混凝土综合管廊制作与施工	国标	18GL 205
9	预制混凝土综合管廊	国标	18GL 204
10	预制混凝土外墙挂板	国标	16J 110—2、16G 333
11	装配式混凝土结构预制构件选用目录（一）	国标	16G 116—1
12	装配式混凝土剪力墙结构住宅施工工艺图解	国标	16G 906
13	预制及拼装式轻型板——轻型兼强板（JANQNG）	国标	16CG 27、 16CJ 72—1
14	装配式室内管道支吊架的选用与安装	国标	16CK 208
15	桁架钢筋混凝土叠合板	地标	川 16G 118—TY
16	四川省公共厕所标准图集	地标	川 2018J 133—TY
17	四川省农房抗震设防构造图集	地标	DBJ/T 20—63
18	四川省农村居住建筑维修加固图集	地标	川 16G 122—TY
19	建筑用轻质隔墙条板构造图集	地标	
20	内隔墙——轻质条板（一）川 2020J 146-TJ	国标	

说明：以上文件仅为重点部分摘要，仅供参考。

附录 4

四川省装配式建筑产业协会专业技能人员管理指导意见

关于装配式混凝土建筑从业人员岗位能力要求的指导意见

川装配协〔2018〕66 号

各会员单位：

为贯彻落实《国务院办公厅关于大力发展装配式建筑的指导意见》（国办发〔2016〕71 号）、《四川省人民政府办公厅关于大力发展装配式建筑的实施意见》（川办发〔2017〕56 号）精神，四川省住房和城乡建设厅发布《四川省推进装配式建筑发展三年行动方案》（川建发〔2018〕299 号），在相关政策要求和引导下，四川省装配式建筑产业得到有序推进与发展。

装配式建筑是对传统施工方法的一次建造方式的变革，行业科学发展离不开人才队伍建设，需要行业管理与技术的加速提升。在省住房和城乡建设厅监督和指导下，我协会开展了装配式建筑人才系列培训工作，对推动我省装配式建筑发展、提高我省装配式建筑项目管理与技术水平具有重要促进作用。

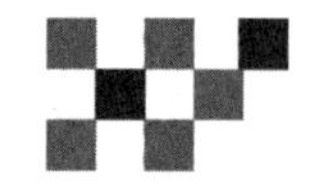

为持续做好装配式建筑人才队伍建设与管理，满足我省装配式建筑人才发展需要，保障装配式建筑项目工程质量与安全，对我省装配式混凝土建筑的从业人员岗位能力要求提出以下指导意见：

一、各建设、设计、施工、监理、检测等会员单位，应高度重视装配式建筑的人才培养及团队建设工作，切实提高本企业装配式建筑项目管理水平和专业技能水平。

二、各工程建设相关会员单位的从事装配式混凝土建筑工程的项目管理人员、特殊工种人员，应取得省市级及以上相关机构组织考试合格的岗位能力证书。

三、选择工程设计、施工、监理、检测等单位的各建设单位及选择劳务、构件安装等单位的总承包单位在招标文件中，应对装配式混凝土建筑管理、特殊岗位人员的能力资格、数量提出要求。

四、各工程建设、监理等会员单位，应对施工单位装配式混凝土建筑从业人员岗位资格配置进行严格监督管理。

五、对各工程建设相关会员单位，在今后开展的四川省装配式建筑示范项目工程申报中，相关从业人员岗位资格持证情况作为评价条件之一。

四川省装配式建筑产业协会

2018年11月19日

附录 5

预制构件生产加工合同

××项目
预制构件生产加工合同

甲　　方：________________

乙　　方：________________

合同编号：________________

签约时间：________________

签约地点：________________

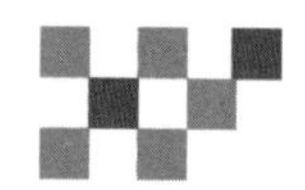

物资采购合同

依据《中华人民共和国合同法》《中华人民共和国建筑法》及其他有关法律规定，为明确甲方、乙方的权利和义务，遵循自愿、平等、公平和诚实守信原则，甲乙双方经过友好协商，签订本合同，共同信守并严格履行以下合同条款：

一、合同签订方的企业信息

甲方（采购方）：________________

注册地址：________________

通信地址：________________

邮　　编：________________

法定代表人：________________

纳税人身份：________________

纳税人识别号（15位代码，国税号）：________________

开户银行名称：________________

开户银行账号：________________

乙方（供应方）：________________

注册地址：________________

通信地址：________________

邮　　编：________________

法定代表人：________________

纳税人身份：________________

纳税人识别号（15位代码，国税号）：________________

开户银行名称：________________

开户银行账号：________________

二、采购PC构件品种、价格及税额

PC产品名称	规格型号	单位	数量	含税暂定单价/元	税率	价税合计/元
预制混凝土叠合楼板						
预制混凝土楼梯						
合计人民币金额：__________元（人民币大写：____________元整）						

2.1　钢筋品牌采用________大厂水泥。

2.2　本合同数量除特别约定外均为暂定数量，结算时以实际签收的数量为准。

2.3　本合同的PC构件价格包含：PC构件材料（PC构件包含钢筋、模具、砼、所有预埋件）费、加工费、成品保护费、保险费、运输费、过江过路过桥过磅费以及其他运抵至甲

方指定交货地点的一切费用（到达指定交货地点后的卸装费由买方承担）、PC 构件安装技术指导等服务费、利润、税费、国家及地方规定的任何收费（包括但不限于登记费、手续费）、因要符合政府有关单位规定而必须改善或替换的任何费用、办理相关手续（含所需要提供的检测报告）费、质量保修期内保修等完成本合同工作所需的一切费用。

2.4 甲方负责 PC 构件下车、安装等。

2.5 PC 构件单价的调整办法：______________________________

三、质量要求

3.1 乙方提供的各种 PC 构件，质量应该符合相应的标准及甲方工程施工的有关技术标准，甲方需在乙方生产前将相关工程施工技术标准书面告知乙方。乙方须随 PC 构件批次提供相应的检测报告、出厂合格证等质量文件。

四、交货时间、地点与方式

4.1 本项目供货期为：________年___月至________年___月。

4.2 乙方应当在甲方约定的时间内交付 PC 构件。

4.3 甲、乙双方约定以下两种交货方式中的第_____种作为本合同交货方式：

（1）乙方将 PC 构件送至甲方指定地点。

（2）甲方到乙方指定地点________________提取 PC 构件，乙方负责装车。

4.4 每次进货前，甲方提前 1 个月提供产品需求计划，乙方按照需求计划进行生产、供货。若甲方不能按照需求计划数量进货，但乙方已按甲方需求计划进行原材料的采购及成品生产，给乙方造成了经济损失，甲方据实全额赔偿；若乙方已按甲方需求计划完成了构件成品生产，但出厂时间超需求计划供货时间_____天及以上，甲方应据实向乙方补偿二次转运、场地占用费及吊装费________。

4.5 乙方应在发货前向甲方提供送货信息（包括产品名称、规格型号、数量、交货时间、地点、运输安排等），甲方应做好相应准备。

4.6 PC 构件运抵甲方指定地点后，双方代表共同对数量及外观进行清点验收，验收签字前发现 PC 构件有短缺或损伤，应由乙方负责及时补足或更换，其相关费用由乙方承担。双方验收无误后，甲方代表在乙方的送货单上签字，作为乙方结算依据。若甲方代表人未能在双方约定的交货时间到场清点验收，视为甲方认可乙方的清点结果，乙方在送货单上作书面说明并作为结算依据。

4.7 甲、乙双方各自约定如下联系人为本合同相关签证、签认手续的确认人，超出如下约定人的，视为无效：

甲方现场联系人： 电话：

乙方现场联系人： 电话：

五、风险转移

5.1 不论货物交付地点以及运输责任由谁承担，货物运输至甲方施工现场并卸载至甲方指定地点后，标的物风险责任始转移至甲方。

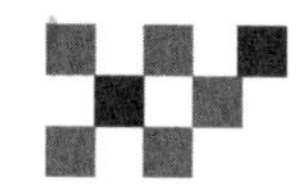

六、物质验收及复检

6.1 甲方按本合同约定进行验收。如需复检时，乙方同意甲方到甲方指定的有资质的检测机构进行复检。

6.2 复检后证明抽样物资合格的，复检费用由甲方承担；若复检后证明抽样物资不合格，甲方应及时通知乙方无偿予以更换，并由乙方承担该复检费用，乙方须于甲方另行指定的合理交货日期前交付合格产品。

七、不可抗力

7.1 发生不可抗力事件时，应立即通知对方，并在15日内提供不可抗力的详情及将有关证明文件送交对方。甲乙双方应协商解决方法，以减轻不可抗力产生的后果。

八、合同纠纷解决方式

8.1 甲、乙双方如在合同履行过程中发生争议，首先应友好协商解决，如协商不能解决，向人民法院提起诉讼。

九、其他约定

9.1 乙方应在合同签订前向甲方提供营业执照副本、税务登记证、机构代码证、一般纳税人证复印件、授权委托书等证明文件，并加盖公章。

9.2 乙方合同签订人员为授权委托人的，合同签订前必须向甲方提供本单位的法人授权委托书、本人和法定代表人的身份证复印件。

9.3 任何一方向对方发出的任何通知均应采取书面形式，并以电话通知对方加以确认。如使用特快专递邮件，以寄出之日起的第四日视为收件日期。如使用电报或传真，以发出后的第二日视为收件日。除非一方书面通知更改地址，一切通知均应发往本合同第一条列明的地址。

9.4 如本合同第3.1条中所涉及的国家标准有更新，则以更新的国家标准为准。

9.5 本合同自甲乙双方签字并盖章后生效，货完款清后自动失效。

9.6 本合同一式____份，甲方执____份，乙方执____份，具有同等法律效力。

甲方名称（章）		乙方名称（章）	
法定代表人		法定代表人	
（授权委托人）		（授权委托人）	
联 系 电 话		联 系电话	

（以下无正文）

参考文献

[1] 重庆市岗位培训中心，重庆大学. 装配式混凝土建筑技术工人职业技能标准：DBJ50/T 298—2018[S].

[2] 装配式建筑产业工人技能标准（征求意见稿）.

[3] 赵丽. 装配式建筑工程总承包管理实施指南[M]. 北京：中国建筑工业出版社，2019：195-215.

[4] 中国建筑标准设计研究院，中国建筑科学研究院. 装配式混凝土结构技术规程：JGJ 1—2014[S]. 北京：中国建筑工业出版社，2014.

[5] 中国建筑标准设计研究院有限公司. 装配式混凝土建筑技术标准：GB/T 51231—2016[S]. 北京：中国建筑工业出版社，2017.